공부는
멘탈이다

공부는
멘탈이다

공부는

멘탈이다

STUDYING IS MENTAL

포레스트북스

삼대에 물려주고 싶은 공부 멘탈

저희 클리닉을 방문한 어머님들과 상담을 하다 보면 많이들 우십니다. 방송에서 만난 어머님들도 마찬가지입니다. 하나같이 눈물이 많습니다. 자녀가 한 분야에서 뛰어난 능력을 보이지만 다른 역량이 부족하다는 진단을 받았을 때, 자녀의 영재성이 부모의 관심을 받기 위한 것이었음을 알아차렸을 때, 명문대를 보내고 싶은 부모의 바람이 자녀에게 투사되며 생겨나는 감정을 마주할 때, 열이면 열 모든 어머님들이 눈물을 보이십니다.

우리나라의 어른들은 부모가 되는 순간, '나'라는 주체의 감정과 마주하는 시간이 현격히 줄어듭니다. 나에게 등을 돌리면서까지 키우는 자식인데, 그런 자녀가 자신 때문에 결핍이 생겼다는 사실을 알면 그 마음이 오죽할까요.

하지만 또 한편으로는 이런 생각도 듭니다. 아이 때문에 흘리는 눈물이기도 하지만, 아이를 돌보느라 놓아야 했던 자기 자신에 대한 무언가, 공부시키는 과정에서 부모로서 입게 된 상처, 들여다볼 생각조차 하지 않았던 자신의 감정이 눈물과 함께 터져 나오는 것은 아닐까 합니다. 어머님 자신 때문에라도 흘린 눈물이라는 것을 느낄 수 있었습니다.

빛이 사물을 통해서만 모습을 드러내듯, 어머님들도 자녀를 통해서만 눈물을 흘리시며 자신을 들여다봅니다. 이것이 제가 '어머님'이라 부르는 이유입니다. 마땅히 '님' 자를 붙여도 될 만큼 자녀 교육이라는 등짐을 짊어지고 계신 어머님들께 이 책이 도움이 되기를 진심으로 바랍니다.

재능이 없으니 공부라도 시켜야겠다?
부모님이 자주 저지르는 섣부른 실수

*

클리닉에서 많은 부모님을 만납니다. 아이의 재능을 찾

아주고자 취학 전부터 이것저것 여러 가지를 배울 수 있도록 애쓰시는 모습을 보면, 정말 아이를 사랑하는 마음이 느껴집니다.

그런데 왜 아이들은 어느 분야에서도 마음을 잡지 못하고 공부마저 버거워하는 걸까요?

우선 아이들은 변화무쌍한 존재이기 때문에 부모가 원하는 '뿌리 깊은 재능'을 찾기가 쉽지 않습니다. 초등학교 때는 '경험이라도 하게 해 주자' 정도로 배우게 하는 것이 바람직합니다. 또한 많은 부모님이 '재능 아니면 공부'라는 식으로 생각하시는데, 이 둘은 대체 가능한 카테고리가 아닙니다. 재능은 재능대로, 공부는 공부대로 가져가야 하는데 '특별한 재능이 없으니 공부라도 시켜야지'라는 식으로 생각하시는 경우가 많습니다. 이는 교육이라는 프레임을 이분법적인 시각으로만 보기 때문에 생겨나는 실수입니다.

특히 요즘은 대학을 나와도 취업이 쉽지 않으니 일찌감치 재능 신봉자로 돌아서는 부모님들이 늘고 있습니다. 하지만, 재능에만 관심을 두게 되면 그 시기에 해 줘야 할 교육을 놓쳐 이것도 저것도 아닌 상황이 왔을 때 부모님은 부모님대로, 아이는 아이대로 힘든 시기를 보내게 됩니다.

공부나 재능이라는 결과만을 고민하기보다는 초등학교

6년 동안 아이에게 해 줘야 할 것이 무엇인지 살펴보는 일이 중요합니다. 우리 아이가 감정 조절 능력이 있는지, 힘든 일이 닥쳤을 때 얼마나 잘 버티는지, 만약 넘어진다면 어떻게 해야 덜 아프게 넘어질 수 있는지, 나와 아이가 주고받을 수 있는 것이 무엇인지 등 공부나 재능 바깥의 영역에도 관심을 두고 가꿔 나가려는 노력이 필요합니다.

저는 이런 과정을 통틀어 '텃밭 가꾸기'라고 표현하는 걸 좋아합니다. 텃밭은 먹고사는 문제가 걸린 농사가 아니라 매우 자기 주도적인 농사죠. 텃밭에서 아이가 키우고 싶은 재능이라는 씨앗을 발견할 수도 있고 학업 탄력성을 키우는 힘을 기를 수도 있습니다. 무엇보다 텃밭은 부모와 아이 모두 '감정의 소진'을 겪지 않아도 되니 얼마나 좋습니까. 기쁘게 수확을 기대할 수 있을 것입니다.

아이만큼
부모님의 멘탈 관리도 중요하다

*

아이 공부는 부모님과 함께 팀을 이뤄서 하는 것입니다. 부모님의 감정이 오락가락하면 팀원인 아이도 그대로 영향을 받습니다. 공부 멘탈을 잘 관리하기 위해서는 아이만큼 부모님의 멘탈 관리도 중요합니다.

아이의 '학업 성적'이나 '공부 전략'에 변화가 생겨야만 멘탈이 나아지는 것은 아닙니다. 변화에 맞는 정보력을 갖추는 것도 멘탈을 잘 관리하는 방법이 될 수 있습니다. 그래서 저는 부모님들께 다양한 출처를 통해 정보를 모으시라고 권유드립니다.

클리닉에서 상담하다 보면 공부 외에도 자녀와의 갈등을 해결하는 방법을 물어보시는 분들이 많습니다. 갈등을 해결하는 전체 프레임에 대해 말하자면 아이는 아이대로 감정 조절이 가능해야 하고, 부모님은 부모님대로 감정을 조절할 수 있어야 합니다. 아이에게는 그것이 학습 솔루션이고, 부모님에게는 다양한 정보력입니다.

이제는 학원 설명회만 쫓아다닌다고 해서 정보력이 뛰어나다고 평가받는 시대가 아닙니다. 현재 교육 환경이 입시 위주라고 해도 자녀가 재능을 보인 분야에서 활동한 경력이 있으면 내신이나 수능 성적이 조금 부족해도 좋은 대학에 갈 확률이 높아진 게 사실입니다. 앞에서는 재능 신봉자가 되지 말라며 이건 또 무슨 소린가 싶은 분들이 계실 듯싶은데요, 재능 아니면 공부 양자택일의 문제점을 말씀드린 것이지 재능 자체를 무시하라는 뜻은 아닙니다.

어디에서 정보를 찾으면 될까요? 언론 매체, EBS와 같은 교육 채널, 교육청 홈페이지, 교육 분석가가 쓴 리포트 등이 대표적입니다. 한때 어느 교육 분석가가 쓴 리포트가 어머님들 사이에서 입소문이 나면서 난리가 난 적이 있습니다. 문제는 이런 정보를 접해도 어머님 스스로 '나만 아는 이야기'가 아니라는 생각에 정보를 신뢰하지 않는다는 겁니다.

그렇다면 이렇게 접근해 보는 것은 어떨까요. 오랜 시간 많은 분이 입시 정보를 최우선으로 생각하며 정보를 수집해 왔습니다. 하루아침에 이것을 뒤집을 수는 없으니 '한 손에서 양손'으로 전략을 확장하는 것입니다. 학원에서 제공하는 정보가 '대학 진학'을 위해 필요하다면 제가 앞서 언급한 곳에서 얻은 정보는 '아이의 재능'을 위해 필요하다고 받아들이는 것입니다. 일명 '투 트랙Two Track' 전략입니다. 이렇게 되면 교과 성적 위주의 입시가 아니라 재능으로도 대학에 갈 수 있는 '또 하나의 길'을 마련하는 효과를 기대할 수 있습니다.

다행스러운 점은 학원 정보는 낮에 시간을 내야 얻을 수 있지만, 언론 매체나 교육청 홈페이지에서 제공하는 정보는 일하는 부모님들도 회사에서 얼마든지 스크랩할 수 있다는 것입니다.

손에 쥔 떡이 한 개라면 그것을 잃었을 때 상실감이 클 수밖에 없습니다. 하지만 떡이 하나 더 있으면 자연스럽게 여유가 생기고, 부모님의 이런 여유는 아이에게는 숨 쉴 구멍이 되어 줍니다.

초등 시기 공부 습관이
평생의 공부력을 결정한다

*

이 책을 읽다 보면 중·고등학생 사례가 등장합니다. 의문이 생길까 미리 밝히자면, 이 책은 초등학생과 중학생 자녀를 둔 부모님에게 도움이 됩니다. 그래서 중·고등학생 사례를 든 것입니다. 초등학교 때 공부 습관을 제대로 잡아주지 않으면 이후 학습에 악영향을 미치게 됩니다. 그런데 많은 분이 초등학교 때는 가만히 있다가 문제가 가시적으로 드러나는 중학교 시기가 되어서야 아이의 손을 잡고 저희 클리닉에 옵니다. 초등학교 5·6학년만 잘 보내면 중·고등 시기를 좀 더 잘 보낼 수 있는데, 이 시기를 놓쳐서 오니 안타까울 때가 한두 번이 아닙니다.

초등학교 과정은 중학교, 고등학교, 대학교 진학에 필요한 첫 번째 수업이면서 나아가 사회생활을 준비하는 사전 수업이기도 합니다. 즉, 초등학교 시기는 공부를 시작하는 출발선인 동시에 인생 전체에서 봤을 때도 평생의 공부력을 결정짓는 '첫 인생 수업'이 됩니다.

그래서 전 초등학생 자녀를 둔 부모님과 만나면 중·고등학생 사례를 말씀드리고, 중·고등학생 자녀의 부모님과 만나면 아이의 초등학생 시절에 대해서 많이 묻습니다. 실제로 이 두 시기는 성적만이 아니라 아이의 정서 상태나 감정 관리 방식에도 상당한 연계성을 지닙니다.

이렇듯 아이의 미래와 과거를 교차해 가며 면담을 진행해야 '지금 이 친구에게 무엇이 부족한지', '무엇을 만들어 주면 공부를 조금 더 편하게 할 수 있는지' 보다 정확한 진단과 처방이 가능합니다. 결핍은 대부분 오래된 역사가 있기에 과거를 추적하는 일이 중요합니다. 그러니 기억해 주세요. 아이가 지금 힘들어하거나 공부 습관이 무너진 듯 보이는 모습은 어느 날 갑자기 생긴 문제가 아닙니다.

아이를 위한다는 이유로
아이의 손을 놓치지 않길 바라며

*

"긍정적인 공부 멘탈을 상속하세요."

오랜 시간 학습 클리닉을 운영하며 제가 일종의 사명처럼 품게 된 문장이자 부모님들께 자주 드리는 말입니다. 책을 좋아하는 부모 밑에서 책을 좋아하는 아이가 자라고, 공부를 즐겁게 경험한 부모 밑에서 자란 아이가 높은 학업 효능감을 보이는 것을 수없이 목격했기 때문입니다.

'상속'이라는 단어에 아마 많은 부모님이 흠칫하며 반문하실지도 모르겠습니다. "결국 집안이 좋아야 한다는 건가요?", "공부도 할아버지의 재력이 뒷받침되어야 한다는 소리인가요?", "좋은 공부 멘탈이란 것도 결국 과외라도 시켜서 성적을 만들어 줘야 생기는 거 아닌가요?"

현실적으로 부모의 경제력이 대학 진학에 영향을 미친다는 통계를 부정하고 싶지는 않습니다. 하지만 우리가 대를 이어 물려주어야 할 진정한 유산이 무엇인지는 다시 고민해 봐야 합니다. 부모의 경제력은 아이의 '환경'을 만들 순 있지만, 아이의 '공부 뿌리'까지 대신 만들어 주지는 못합니다.

특히 초등학교 시기에는 부모의 소득이나 사교육 수준

이 공부의 뿌리에 미치는 영향이 생각보다 미미합니다. 오히려 저는 사교육 시장에 깊게 발을 들이지 않은 아이들을 코치할 때 더 큰 희열을 느낍니다. 당장 성적은 중하위권일지 몰라도, 이런 아이들은 '공부의 뿌리'를 내리기에 훨씬 유리한 토양을 갖고 있습니다. 이미 굳어진 나쁜 공부 습관이 거의 없기 때문입니다. 오디션 프로그램에서 기성 가수의 때가 묻지 않은 참가자를 더 높게 평가하는 것과 같은 이유입니다.

제가 왜 하필 '삼대째 가져갈 공부 멘탈'을 강조하는 것일까요? 여기에는 두 가지 중요한 이유가 있습니다.

첫째, 문제를 푸는 기술은 다음 세대에 물려주기 어렵지만, 공부를 대하는 태도, 즉 멘탈은 충분히 물려줄 수 있습니다. 공부가 힘들어도 포기하지 않는 마음, 배우는 과정을 즐기는 태도, 실패를 견디는 힘은 할아버지에서 아버지 어머니로, 다시 아이에게로 이어지는 가문의 가장 강력한 무형 자산이 됩니다.

둘째, '삼대'라는 긴 호흡을 가져야만 비로소 부모님의 마음에 '여유'가 생기기 때문입니다. 지금 당장의 성적이나 경쟁에만 매달리기보다, 아이가 오래 가져갈 공부 멘탈을 만드는 데 집중할 수 있습니다. 사교육은 중학교 때 시작해도 늦지 않습니다. 공부 멘탈이라는 단단한 뿌리만 있다면, 조금 늦게 꽃을 피워도 괜찮다는 믿음이 생깁니다.

물질적인 부유함은 상황에 따라 달라질 수 있습니다. 부모의 재력보다 중요한 것은 아이의 마음을 살피는 부모의 태도입니다.

무엇보다 초등학교 시기는 부모님이 아이 마음을 살피는 일에 골몰해야 할 시기입니다. 그래야 아이가 사춘기가 되었을 때 수월하게 공부를 시킬 수 있습니다. 이런 걸 두고 '끝을 보고 공부시킨다'라고 합니다. 공부를 시키는 부모님 마음속에 '공부를 마무리하는 엔딩 포인트'를 갖고 있으면 당면한 문제를 해결할 때 근시안적인 선택을 피할 수 있습니다. 또 그래야만 자녀의 손을 놓치지 않는 부모가 될 수 있습니다.

자녀를 위한다는 명분으로 부모의 욕심이 앞서서 자녀를 놓치는 경우들이 있습니다. 이런 부모님들 모두 직업은 물론 인품도 나무랄 데가 없는 분들이셨습니다. 경험해 보지 않으면 그 상실감과 무력감은 알기 어렵기 때문에, 이럴 땐 무슨 말을 어떻게 드려야 할지 막막할 때가 많습니다. 그래서 때로는 예전 어느 강의에서 들은 노학자의 말을 전하며 마무리하곤 합니다.

　"우리나라 어머님, 아버님들 모두 훌륭합니다. 하지만 각자가 지닌 성품과 자녀를 대하는 성품은 별개입니다. 자신의 성품에 대해서는 과신해도 되지만, 부모로서의 성품은 과신하지 마세요. 그건 자녀만이 평가할 수 있습니다."

　모든 부모에게는 성품이 두 개라는 노학자의 가르침은 많은 생각을 하게 합니다.

　이 책이 부모의 마음을 먼저 다잡고, 그 힘으로 아이의 멘탈을 지켜내는 작은 길잡이가 되길 바랍니다.

공 부 는  멘 탈 이 다

• ○ •

공부에 진다는 것은

단순히 성적이 떨어진다는 의미가 아닙니다.

부모님의 불안으로 초등학교 1학년 때부터

이것저것 시키다가 4학년이 되었을 때,

그 나이에 갖추어야 할 사고력과 문제 해결력이

제대로 형성되지 못하는 상황을 말합니다.

관계의 법칙

- 공부는 멘탈이 시킨다

아이의 마음 빗장을 열고
성장의 기틀을 잡는 법

초등학교 1·2학년은 학교생활에 적응하며 수업 규율을 익히고, 친구 관계에서 감정을 조절하는 법을 배우는 시기 입니다.

보통 아이들은 3학년이 되기 전까지는 고정된 단짝 친구를 만들기보다 짝꿍이나 뒷자리에 앉은 아이 등 주변 친구들과 두루 어울리며 관계 맺기를 연습하곤 합니다. 따라서 이 시기에는 아이에게 학습지를 풀게 하기보다 교우 관계에 대해 함께 고민하고 깊은 대화를 나누는 시간을 갖는 것이 좋습니다.

왜 이런 이야기를 하느냐 하면, 만약 아이가 집에 와서 "짝꿍이 자꾸 괴롭혀요"라고 하면 많은 부모님이 당장 선생님께 연락하거나 아이에게 "걔랑 놀지 마. 다른 애랑 놀아", "그 아이 부모는 뭐 하시니?"라고 답하는 상황을 많이 봤기 때문입니다. 이런 식의 솔루션은 아이 성장에 도움이 되지 않습니다.

저희 딸이 초등학교 3학년일 때, 교우 문제로 상담을 해 온 적이 있었습니다. 저는 딸아이에게 "그 친구는 그냥 무심코 던진 말 같은데, 계속 감정이 상해 있으면 너만 힘들지 않겠니? 한번 그 친구와 직접 대화를 나눠 보는 건 어떨까?"라고 조언했지요.

그랬더니 딸아이가 이렇게 대꾸하더군요. "아빠, 속상한 이야기를 하면 일단 제 편을 들어주고 친구 이야기는 나중에 하면 안 돼요? 그리고 아빠는 제 친구에 대해 잘 모르잖아요."

순간 아차 싶었습니다. 만약 집이 아니라 상담실에서 딸의 고민을 들었다면 먼저 공감하고 나서 방법을 제시했을 겁니다. 아이가 집에 와서 특정 친구를 흉보는 건 제 딸이 그랬던 것처럼 '감정적인 보살핌'을 받고 싶다는 신호입니다. 아이의 편을 들어주면 문제를 수월하게 풀 수 있습니다.

또 아이가 특정한 친구를 욕한다고 해서 진심으로 그 아이를 미워한다고 단정 짓지 않는 것도 중요합니다. 정말 미워할 수도 있지만, 그 아이랑 친해지고 싶은데 방법을 모르니까 속이 상해서 나쁘게 전달하는 경우도 많습니다.

초등학교 1·2학년 아이라면 자신이 겪은 일화를 단편적으로 전할 확률이 높습니다. 그럴 때는 어른의 관점에서 판단하기보다 "그 친구가 왜 그랬을까?", "네 옷을 잡아당긴 게 몇 번째야?"처럼 우회적으로 친구에 대한 정보를 파악하세요. 아이는 이런 대화를 주고받는 과정에서 '부모님은 내 이야기를 잘 들어주는 사람'이라는 인식을 갖게 됩니다.

입 꾹 닫은 아이의 마음을 여는 기술

*

많은 부모님이 "우리 아이는 성격이 소심하고 내성적이라 말을 잘 안 하는데, 어떻게 선생님 앞에서는 그리 속을 잘 털어놓나요?"라며 궁금해하십니다.

아이들에게 공부는 사실 '가장 꺼내기 쉬운 대화 주제'입니다. 공부는 아이들의 본업이기도 하지만, 무엇보다 자기 감정이 직접적으로 섞이지 않은 '객관적인 주제'라고 여기기 때문입니다.

막상 공부를 주제로 대화를 나누다 보면 친구나 선생님, 혹은 가족 문제까지 자연스레 흘러나오게 마련입니다. 상담 초기에는 아이들도 대화가 여기까지 깊어지는 줄 모르고 시작하지만, 설령 중간에 알아차린다고 해도 이미 열린 마음으로 자신의 속마음을 털어놓곤 합니다. 왜 그럴까요?

마음에도 '물길'이 있기 때문입니다. 꽉 막혀 있던 둑에 작은 구멍 하나만 내도 금세 커다란 물줄기가 터져 나오는 것과 비슷하지요. 마음의 문도 한 번 열려 물길이 트이기 시작하면, 아이는 억지로 문을 닫으려 하기보다 그 물길을 따라 속 깊은 이야기를 더 꺼내고 싶어 합니다.

부모님께서는 이 '마음의 물길'을 잘 활용하셔야 합니다. 처음부터 무거운 주제보다는 아이가 입을 열기 쉬운 일상적인 사생활 대화부터 시작해 보세요. 특히 초등학교 저학년 때 아이의 소소한 일상에 귀를 기울이며 소통하는 부모가 되어 주셔야, 나중에 공부 고민도 부모님께 먼저 상담하는 아이로 성장하게 됩니다.

열 살은 우리 아이 한 명뿐

시중에 나온 교육서들을 보면 대개 초등학교 4학년을 기점으로 저학년과 고학년을 나누곤 하지만, 저는 1·2학년, 3·4학년, 5·6학년 이렇게 세 구간으로 나누는 것을 선호합니다. 1·2학년 때는 아이의 말을 잘 수용하고 반응해 주는 것만으로도 충분하지만, 3·4학년은 아이마다 발달 개인차가 생겨 부모님의 고민이 깊어지는 시기이기 때문입니다. 어떤 아이는 여전히 2학년 수준에 머물러 있는가 하면, 어떤 아이는 5학년 수준이기도 합니다. 그러니 이 시기 부모님들은 학년이라는 틀에 갇히기보다, 내 아이의 실제 수준에 맞춘 교육법을 찾겠다는 마음가짐이 필요합니다.

만약 아이가 또래보다 조금 어리게 행동한다면 '아직 천천히 자라는 중이구나' 하며 변화를 대견하게 바라봐 주고 그 눈높이에 맞춰 대화해 주세요. 반대로 아이가 부쩍 어른스러워졌다면 대화의 수준을 조금 높여 주시면 됩니다.

상담실에 오시는 부모님들을 보면, 초등학교 3학년 아이를 그저 1·2학년의 연장선과 마찬가지로 생각하시는 것 같습니다. 그래서 3학년이면 으레 이 정도는 해야 한다거나, 다른 아이들만큼은 따라와 주기를 바라는 것이지요. 하지만 실제 3학년은 아이들마다 발달 속도가 가장 크게 벌어지는 시기입니다.

그래서 저는 3학년 자녀를 둔 분들에게 "열 살은 우리 아이 한 명뿐"이라는 마음가짐을 가져달라고 부탁드립니다. 아이가 아직 2학년 수준에 머물러 있든 5학년 수준으로 앞서가든, 다른 아이들과 비교하며 '평균'이라는 잣대에 맞추려 하지 말고 오직 우리 아이만의 고유한 속도에 집중해 달라는 뜻입니다.

내 아이만의 속도가 있다고 믿어야 비로소 남과 비교하지 않고 아이 수준에 맞는 교육을 할 수 있습니다. 발달 단계를 오직 연령이라는 단일한 잣대로만 바라보면, 부모님의 마음은 조급해질 수밖에 없습니다.

중등 공부를 좌우하는 결정적 골든 타임, 5·6학년

＊

초등학교 5·6학년에 접어들면 아이들은 이전과는 다른 새로운 과제에 직면하게 됩니다. 제가 공부에 어려움을 겪거나 정서 관리가 힘든 중·고등학생들을 만나 면담을 진행해 보면, 100명 중 70명은 초등학교 5·6학년 시기에 문제가 발생한 경우가 많았습니다.

보통 이 시기에는 스스로 공부 계획을 짜는 습관은 물론 시간 관리, 노트 필기, 내용 요약과 조직화, 핵심 찾기 같은 구체적인 기술들을 익혀야 합니다. 나아가 아이디어를 끌어와 정리하고 질문 속에서 개념을 추출해 내는 훈련을 거쳐 이를 자기 것으로 만들어야 하죠. 이것이 바로 제가 앞으로 계속 강조할 '공부 머리', 즉 '질質로 승부하는 공부법'의 핵심입니다.

문제는 이러한 과정을 학교나 학원에서 세심히 가르쳐 주지 않는다는 점입니다. 결국, 가정에서 부모님이 직접 훈육을 통해 길러 주어야만 갖춰질 수 있는 능력입니다.

머리를 반만 쓰는
아이들

우리는 모두 최소한의 인지적 자원을 가지고 의사 결정을 내리고 싶어 하는 '인지적 구두쇠Cognitive Miser'입니다. '인지적 절약자'라고도 하는데, 쉽게 말해서 '생각하는 데 에너지를 쓰기 싫어한다'는 의미입니다. 인지 심리학자들이 우리 뇌는 게을러지고 싶어 하는 욕구가 있다며 밝힌 개념입니다.

어머님들이 홈쇼핑을 선호하는 이유도 비슷합니다. 가구 하나를 바꾸려 해도 알아봐야 할 정보가 너무 많아 인지적 품이 많이 드는데, 홈쇼핑은 전문가가 알아서 선택하고 이해하기 쉽게 설명해 주니까요. 아이들도 마찬가지입니다.

저는 이 '인지적 구두쇠'를 '머리를 반만 쓰는 아이들'이라 부르고 싶습니다. 머리를 쓰지 않아도 앉아만 있으면 공부한다고 인정해 주는 분위기, 반대로 머리를 풀가동하며 효율적으로 공부해도 엉덩이가 가벼우면 산만하다고 몰아세우는 분위기. 이런 환경이 바뀌지 않으면 아이들은 살아남기 위해 인지적 구두쇠가 되는 길을 선택합니다.

아이들은 자신을 인정해 주는 부모의 기준에 맞춰 공부 태도를 결정할 수밖에 없습니다. 만약 집안 분위기가 '무거운 엉덩이'를 최고의 미덕으로 여긴다면, 아이들은 머리를 비운 채 무리해서라도 책상 앞에 앉아 있습니다. 그 시간 동안 아이가 스스로 인지적 부자가 되어 주길 바라는 건 애석하게도 무척 어려운 일입니다.

그렇다면 제가 강조하는 '인지적 부자'란 어떤 사람을 말하는 걸까요? 지능이 뛰어난 사람? 아닙니다. 하나의 목표를 정한 뒤, 그 목표로 향하는 과정에서 시행착오와 에너지 낭비를 줄여 나가는 사람입니다. 즉, 불필요한 인지적 소모를 막는 '효율적인 습관'을 가진 사람이 진짜 인지적 부자입니다.

전교1등의 두 가지 비결

*

한때 패널로 나간 〈영재의 비법〉이라는 방송 프로그램에서 외고를 비롯한 여러 중·고등학교에서 전교 1등을 하는 친구들과 만난 적이 있습니다. 이들은 하나같이 지능이 우수한 수준이었으나 천재는 아니었습니다. 해외에서 나온 연구 결과들만 봐도 지능이 학업 성적에 관여하는 비율은 고작 20퍼센트 정도입니다. 나머지는 다른 요인으로 결정된다는 뜻입니다. 전교 1등만 하는 아이들은 두 가지 장점이 있었습니다.

첫째, 목표가 분명했습니다. 전교에서 187등을 하다가 꿈을 정한 뒤 열심히 공부해서 전교 1등이 된 친구도 있었고, 자신이 원하는 진로를 위해 청심고의 자동 진학을 포기하고 민사고에 도전한 친구도 있었습니다. 분명한 목표 의식은 동기 부여를 심어 주는 것은 물론이고 감정 조절 능력을 높여 주는 견인차 역할을 수행합니다.

둘째, 자신에게 맞는 공부법이 있었습니다. 선생님에게서 눈을 떼지 않으면서 실마리를 찾아서 필기하거나, 보이는 사물에 암기 내용을 대입하여 공부하는 등 이 친구들은 자신이 한 일이 어떤 원리로 효율을 높였는지는 자각하지 못했지만 훌륭하게 공부 방법을 터득해 온 것입니다.

목표가 훌륭하고 동기가 충만해도 자기만의 공부법이 없으면 기대만큼 좋은 결과가 나오기 어렵습니다. 그러니까 공부하다가 '난 머리가 나빠'라고 좌절하며 중도 포기하는 겁니다. 한번 공부를 중단하면 다시 돌아오기가 몇 배나 어렵습니다. 어른들이 자동차 사고를 내면 다시 운전대를 잡기까지 오랜 시간이 걸리는 것처럼 아이들도 그렇습니다.

결국 공부를 잘하기 위해서는 목표 의식과 동기, 지능뿐 아니라 주도권을 쥘 수 있는 '핵심 비법'이 반드시 필요합니다. 공부를 해낼 실질적인 역량이 뒷받침될 때 비로소 긍정적인 공부 멘탈도 힘을 얻기 때문입니다. 역량이 갖춰지지 않아 늘 한계에 부딪히는 아이에게 무작정 좋은 멘탈만을 기대하기는 현실적으로 어렵습니다.

공부는 엉덩이가 한다는 착각, 공부는 '양보다 질'이다

＊

공부 역량은 과연 어떻게 갖출 수 있을까요?

대치동에서 오랫동안 학습 클리닉을 운영해 왔지만 아

직도 많은 부모님이 공부는 엉덩이가 한다고 생각합니다. 아이가 조금만 들락날락하면 '엉덩이가 무거워야 성적이 잘 나올 텐데……' 걱정하시죠. 더 많은 학습 분량과 더 많은 학습 시간을 목표로 하는, '양Quantity으로 밀어붙이는 공부법'이 옳다고 믿기 때문입니다. 하지만 아셔야 할 것은, 결코 공부에 들인 시간의 양과 실력이 비례하지 않는다는 것입니다.

경제협력개발기구OECD 국가의 '학생 간 성적 비교'에서 한국 학생들은 핀란드 학생들보다 공부는 배나 하면서도 수학 점수는 동일하다는 성적표를 받았습니다. 이는 우리나라 학생들이 핀란드 학생들보다 엉덩이가 두 배 무겁다는 결과이지, 실력이 더 뛰어나다는 내용이 아닙니다. 이제는 '양에서 질Quality로 전환'해야 할 때입니다.

'양보다 질 공부법'은 자신에게 맞는 효율적인 공부법을 익힘으로써 공부와 관련한 손상된 감정을 회복하는 것에 목표를 둡니다. 이 공부법을 익혀야 전두엽이 자극되어 선천적으로 지능이 뛰어나지 않아도 '공부를 잘하는 머리'로 만들 수 있습니다.

그럼 아이에게 언제 이 방법을 알려 주는 것이 도움이 될까요? 부모와 아이 모두 서두르지 않고 공부 습관을 들일 수 있는 최적의 타이밍이 초등학교 5·6학년 시기입니다.

초·중·고 시기(8~19세)를 합해 공부하는 기간이 12년이라고 했을 때, 5·6학년 때가 딱 중간 지점입니다. 12세를 기준으로 8~12세까지를 공부의 전반기, 13~19세까지를 후반기로 나눌 수 있습니다. 전반기에 공부 습관을 어떻게 들이느냐에 따라 후반기 성적이 결정된다고 해도 과언이 아니지요.

여기서 주목할 점은, 초등학교 5·6학년 시기에 공부 전략을 갖췄다고 해서 당장 성적이 눈에 띄게 좋아지거나, 반대로 전략이 없다고 해서 성적이 곤두박질치지는 않는다는 사실입니다. 즉, 이 시기는 공부법이 성적에 미치는 영향이 비교적 미미한 때입니다.

바로 이 시기에 아이와 함께 노트 필기하는 법을 익히거나, 요점 정리와 키워드 찾기, 주제 파악하기처럼 공부의 윤곽을 잡는 연습을 시작해야 합니다. 당장의 점수를 위해서가 아닙니다. 이렇게 부모와 머리를 맞대본 아이는 '부모님과 공부 고민을 함께 나눌 수 있구나'라는 든든한 믿음을 갖게 됩니다. 이 믿음은 아이가 사춘기에 접어들었을 때, 부모에게 공부 고민을 먼저 털어놓고 상의하게 만드는 기적 같은 변화를 불러옵니다.

지능보다 강력한 무기, 전두엽의 실행 기능

*

클리닉을 찾는 아이들을 보면 공부 효율이 현저히 낮은 경우가 많은데, 대개는 '공부를 힘으로 밀어붙이는 습관'이 원인입니다. '어떻게든 빨리 끝내 버리자'는 마음으로 기계적으로 공부하다 보니 관성이 생겨 버린 것이죠. 이렇게 물리적인 공부에만 집중하는 건 자발적인 학습이 전혀 이뤄지지 않고 있다는 증거이기도 합니다. 이런 아이들은 부모님이 아무리 좋은 공부법을 일러 줘도 쉽게 변하지 않습니다. 그래서 저는 가능하면 아이들에게 심리 검사와 신경 인지 기능 검사 결과를 직접 설명하며 스스로 경각심을 갖게 하고, 부모님께는 두뇌의 원리가 학습에 어떤 영향을 미치는지 구체적으로 알려 드립니다.

흔히 '공부 머리'라고 하면 단순히 지능이 좋다 나쁘다만 떠올리지만, 두뇌에 대한 종합적인 이해가 필요합니다. 우리 뇌는 정보를 받아들이는(시각·청각·촉각) 부위, 그것을 종합하는 부위, 기존 정보를 저장하는 부위, 새로 들어온 정보와 기존 정보를 비교 분석해 판단하는 부위, 이를 행동으로 옮기는 부위 등 총 5개로 나눌 수 있습니다.

여기서 눈, 코, 귀 같은 감각 기관이 정보를 받아들이면, 측두엽이 언어를 해석하고 저장하며, 뇌량과 후두엽, 두정엽이 이를 종합합니다.

이제부터가 더 중요합니다. 이 모든 정보를 모아 비교·분석하고 최종 판단을 내리는 곳이 바로 '전두엽'입니다. 공부 머리를 담당하는 핵심 부위로, 회사로 치면 전체 리스크를 관리하고 결정을 내리는 대표, 즉 CEO와 같습니다. 각 부서에서 올라온 보고를 검토해 최선의 결정을 내리고 기업을 움직이게 만드는 CEO처럼, 전두엽은 우리 뇌가 단일한 목표를 향해 나아가도록 진두지휘합니다.

CEO의 판단 하나에 기업의 존폐가 달리듯, 전두엽의 역할은 아주 중요합니다. CEO는 Chief Executive Officer의 약자로, 여기서 'Executive'는 '운영'이나 '경영', 즉 경영자가 하는 핵심 업무이자 역량을 뜻합니다. 우리 뇌에서는 전두엽이 바로 이 CEO의 역할을 하는 겁니다. 그래서 전두엽의 기능을 다른 말로 '실행 기능Executive function'이라고 합니다. 전두엽이 공부 머리를 관장하며 실행 기능을 집행하는 곳이라는 것만 제대로 이해해도 아이의 공부를 바라보는 시각이 완전히 달라질 것입니다.

효율적인 공부에 필요한 실행 기능에는 계획하기, 우선

순위 정하기, 조직적으로 정리하기, 사고의 유연성 발휘하기, 작업 기억 활용하기, 스스로 점검하기 등이 있습니다. 용어는 다소 생소할 수 있지만, 이 기능들이야말로 '양보다 질 공부법'의 핵심입니다.

양에 집중하는 공부는 학습 시간이나 문제집 수처럼 눈에 보이는 수치로 금방 확인되지만, 질을 중시하는 공부는 이러한 실행 기능이 정교해지는 과정이기에 당장 눈으로 확인하기는 어렵습니다. 하지만 지능이 평범해도 공부를 잘하는 아이들을 살펴보면, 계획을 세우고 학습 내용을 조직화하며 우선순위를 정하는 역량이 압도적으로 뛰어납니다.

여기에 자신의 학습 상태를 객관적으로 파악하는 점검 능력과 유연한 사고력까지 겸비한다면 어떨까요? 그런 아이는 낯선 유형의 문제도 거뜬히 해결할 뿐 아니라, 프로젝트 수업이나 인터뷰에서도 남들이 생각지 못한 창의적인 생각을 해낼 수 있습니다.

주의력은 결심이 아니다

*

기초 인지 기능이라는 말을 들어보셨나요? 그중 가장

대표적인 것이 '주의력'입니다. 주의 집중을 잘하지 못하면 공부 머리, 혹은 실행 기능을 제대로 발휘할 수 없습니다. 설령 가르쳐 주려고 해도 생각만큼 쉽게 배우지 못합니다. 실제로 많은 부모님이 자녀의 부족한 주의력 문제로 고민이 많습니다.

저는 우선 주의력이 무엇인지 정확히 이해하는 것이 중요하다고 말씀드립니다. 주의력은 단순히 집중을 잘하고 못하는 문제로 보이지만, 실제로는 그 이면에 다양한 원인이 숨어 있을 수 있습니다. ADHD부터 불안, 우울감, 스트레스까지 여러 요인이 주의력에 영향을 미치기 때문입니다. 이런 원인을 제대로 파악하지 않은 채 무턱대고 주의력을 높이는 방법만 적용한다고 해서 효과가 나타나는 것은 아닙니다.

한마디로 주의력은 공부를 가능하게 만드는 에너지입니다. 자동차로 비유하면 전력에 해당합니다. 차의 각 부분에 전기가 공급되어야 엔진이 돌아가고 부속 장치들이 제대로 작동하듯, 주의력 역시 필요한 곳에 충분히 공급되어야 공부가 원활하게 이루어집니다. 만약 어느 한 부분이라도 에너지가 부족하면 차에 문제가 생기듯, 주의력이 부족하거나 흐트러지면 학습 과정에서도 어려움이 발생할 수밖에 없습니다.

무슨 말이냐 하면, 아이가 좋아하는 책이나 학습 만화는 두 시간 가까이 집중해 읽으면서도 막상 학교 숙제를 할 때는 20분도 버티지 못하는 경우가 흔합니다. 이 아이의 주의력이 좋다고 할 수 있을까요? 그렇지 않습니다. 과제를 할 때도 집중할 수 있어야 주의력이 좋다고 말할 수 있습니다.

주의력과 관련해 부모님께 꼭 알려 드리고 싶은 점은, 주의력은 결심의 문제가 아니라 뇌에서 비롯된다는 사실입니다. 우리는 '정신일도 하사불성精神一到何事不成'이라는 말을 떠올리며 집중력은 마음만 먹으면 누구나 가질 수 있다고 믿지만, 실제로는 그렇지 않습니다. 주의력은 뇌의 기초 인지 기능이기 때문에 특별한 심리적 문제가 없어도 주의력 자체가 약할 수 있습니다. 아이의 키가 작은 이유가 단순히 편식을 하고 운동을 하지 않아서일까요? 꼭 그렇지 않습니다.

그러니 아이의 주의력이 약하다고 해서 의지박약이라고 나무라는 일이 없게 신경 써야 합니다. 주의력을 의지의 문제로 몰아가면 잔소리가 늘어나고, 아이는 반복되는 꾸중 속에서 자존감이 낮아질 수 있습니다. 자존감이 낮아지는 일은 주의력이 부족한 것보다 훨씬 심각하고, 바로잡기 어려운 상처를 남길 수 있습니다.

아이의 자존감도 높이고 주의력도 키우기 위해 부모님

이 해 줄 수 있는 일은 무엇일까요? '피그말리온 효과'에 대해 한 번쯤은 들어보셨을 겁니다. 교사가 아이를 인정해 주었을 때, 같은 지능을 가진 아이도 더 우수한 성적을 보였다는 이야기입니다. 이처럼 아이가 비난받지 않고 지낼 수 있는 환경을 마련해 주는 것이 주의력을 키워 주는 가장 좋은 방법입니다. 아이가 공부를 하지 않는 것이 아니라, 못하는 상태일 수 있다는 사실을 늘 기억해 주세요.

이렇게 하면 아이의 마음을 붙잡을 수 있습니다. 마음이 안정되면 상처받는 빈도도 줄어들고, 주의력 향상에 도움이 되는 환경이 만들어집니다. 대화는 되도록 짧고 간결하게, 마치 신문 헤드라인처럼 하는 것이 좋습니다. 부모님들 역시 말하는 연습이 필요합니다.

더불어 부모님의 솔선수범도 당부하고 싶습니다. 아이의 공부를 봐 준다고 해 놓고 정작 부모님은 TV를 보거나 부산스럽게 움직이며 곁을 지켜 주지 못하는 가정이 의외로 많습니다. 어른도 한곳에 머무르지 못하면서 아이에게 인내심이 없다고 나무라는 것은 모순입니다.

실제로 집중력 문제로 내원한 부모님들께 저는 아이의 집중력을 높이기 위해서는 '가족의 습관'을 함께 바꾸어야 한다고 말씀드립니다. 그러면 열 분 가운데 절반 이상이 멋

쩍은 표정으로 고개를 끄덕입니다. 혹시 아이가 산만해서 걱정이라면, 먼저 집안 분위기를 돌아보는 것도 좋은 방법이 될 수 있습니다.

문제를 풀어 주는 부모가 아니라 멘탈을 세워 주는 부모

주의력과 같은 기초 인지 기능은 단순히 아이의 의지 문제가 아니라 환경과 상호 작용 속에서 형성됩니다. 그렇다면 학습의 난도가 높아지는 시점에 부모는 어떤 역할을 해야 할까요.

수학 과목을 예로 들어 보겠습니다. 근의 공식이 등장하는 순간부터 공부의 주도권은 부모님에게서 학원 선생님에게로 넘어가게 됩니다. 이때부터 필요한 자세는 '내가 교과 내용을 다 알아서 아이를 가르쳐야지'가 아닙니다. 오히려 '아이가 문제를 잘 풀 수 있도록 어떤 전략을 함께 세울까'를 고민하며 대화의 물꼬를 트는 것이 좋습니다.

이제는 아이의 수학 문제집이 아니라, 수학 문제를 푸는 '아이의 모습'을 살펴야 합니다. 아이가 성격이 급해 질문을 대충 읽고 답부터 내리려 하는지, 어려운 문제는 슬쩍 건너뛰고 쉬운 문제만 골라 푸는지 관찰하는 것이죠. 이런 태도를 대화 주제로 삼는 겁니다. 물론 지적하는 방식이 되어서는 곤란합니다.

가령 아이가 문제를 이해하기도 전에 공식부터 적으려 하면, "이 문제에 나온 용어부터 정리해 볼까?", "이 문제는 무엇을 구하는 걸까?"라며 내용 이해를 돕는 질문을 해 주세요. 그러면 아이는 교과 내용이 아무리 어렵고 설령 부모님이 그 내용을 모른다 해도, 공부하는 과정에서 부모님을 '나에게 꼭 필요한 존재'로 인식하게 됩니다.

학원 선생님처럼 문제를 척척 풀어 주지 않아도 괜찮습니다. 아이가 막연하게라도 '부모님과 공부 이야기를 하면 도움이 된다'는 인상을 심어 주는 것이 더욱 중요합니다.

중학교 3학년이었던 희정이가 떠오릅니다. 공부를 아주 잘했던 언니와 비교당하며 공부를 포기하려 했던 희정이는 어머니의 끈기 있는 노력 덕분에 다시 마음을 잡았습니다. 매일 희정이의 머리맡에 작은 메모장을 놓아두셨죠. 처음에는 숨 막힌다며 반항하던 희정이도 어머니의 진심 어린 노력에 결국 마음을 열었습니다.

메모장에는 때로 응원의 글이, 때로는 희정이의 꿈인 그래픽 디자인 관련 기사가 적혀 있었습니다. 하지만 가장 큰 비중을 차지한 것은 희정이가 보충하면 좋을 학습량과 힘든 문제를 만났을 때 도움이 될 만한 공부법들이었습니다. 희정이는 그 짧은 메모를 위해 어머니가 얼마나 많이 공부하고 또 자신을 응원하는지 깨닫게 된 것이지요.

이렇듯 '양보다 질 공부법'은 아이의 실력뿐 아니라 인성까지 바르게 키워 냅니다. 학습 목표를 꾸준히 실천하는 의지, 실패해도 다시 일어나는 회복 탄력성 등은 모두 멘탈 관리이자 자기 관리 능력과 직결되기 때문입니다.

문제를 다각도로 고민하고 생각을 정리하는 과정에서 인지 능력 또한 향상됩니다. '동기, 인지, 심리'라는 세 가지 기둥이 단단해지면 아이는 사회에 나가서도 충분히 제 몫을 다하는 사회인으로 성장할 수 있습니다. 그리고 그 과정의 끝에는 '부모와 자녀 간의 단단한 신뢰'라는 가장 값진 열매가 기다리고 있을 것입니다.

공부는
멘탈입니다

10년도 더 전의 일입니다. 전략적으로 공부하는 방법에 집중했던 저와는 달리, 많은 학습 전문가들은 '공부할 때 감정의 중요성'을 이야기했습니다.

제가 감정을 강조하면 "그럼 그때의 패러다임으로 돌아가는 건가요?"라고 묻는 분들도 있을 겁니다. 그러나 그때 강조하던 감정과, 지금 제가 말하는 감정은 결이 다릅니다.

예전에는 아이의 기분을 다치지 않게 하면 공부가 저절로 된다는 것이 핵심이었습니다. 하지만 저는 감정을 단순한 '기분 관리'로만 보지 않습니다. 감정에 손상을 입지 않도록 하는 것은 기본이고, 동시에 학습에 필요한 전략과 구조를 함께 세워 주어야 한다는 것이 핵심입니다.

공부는 뇌가 합니다. 그러나 그 뇌를 움직이게 하는 힘은 감정입니다. 저는 그 힘을 '멘탈'이라고 부릅니다. 멘탈은 시험을 앞두고 불안에 휩쓸리지 않는 힘이고, 한 번 틀렸다고 해서 무너지지 않는 힘이며, 잘되고 있을 때 그 흐름을 이어 가는 힘입니다.

공부는 잘되고 있을 때 가장 하고 싶어지는 법입니다. 성적이 오르는 아이들을 보면, 공부의 효율이 높아질수록 스스로 책상 앞에 앉고 싶어 합니다. 그 과정에서 자연스럽게 불이 붙었다는 공통된 경험을 하게 됩니다.

결국 멘탈은 공부를 시작하게 하는 힘이자, 공부를 지속하게 만드는 힘입니다.

만약 공부를 포기한 아이를 다시 집중하게 하고 싶다면, 저는 다음의 두 단계를 권하고 싶습니다.

1단계: 아이가 공부 잘할 수 있는 방법을 구체적으로 알려 주기

2단계: 공부에 대한 감정을 부정에서 긍정으로 전환하기

공부하고 싶은 마음은 어떤 특강을 듣거나 멘토를 만났

다고 해서 어느 날 갑자기 생겨나는 것이 아닙니다.

예전에 《하버드 비즈니스 리뷰》에서 참고가 될 만한 연구를 본 적이 있습니다. 직장인을 대상으로 "언제 가장 일하고 싶은가요?"라는 질문을 던졌는데, 성과급이 보장됐을 때보다 "일이 잘될 때"라는 답이 훨씬 많았다고 합니다. 아이나 어른 모두 과업에 대한 효능감이 생겨날 때야말로 몰입의 욕구가 가장 높아집니다.

자신감은 효능감을 먹고 자란다
＊

효능감은 자신감과 어떻게 다를까요? 자신감이 전반적으로 '나는 괜찮은 아이야'라는 신념이라면, 효능감은 특정 영역에서 '나는 이걸 잘하는 아이야'라는 신념을 말합니다. 다시 말해 자신감이 더 넓은 개념이고, 효능감은 그 안에 포함되는 보다 구체적인 감각입니다.

예를 들어 '나는 수학은 못하지만 그래도 괜찮은 아이야'처럼 부족한 부분이 있어도 자신을 전반적으로 긍정하는 태도가 자신감입니다. 반면 '다른 건 몰라도 수학만큼은 잘해'처럼 특정 분야에 대한 확신을 갖는 것이 효능감입니다.

이러한 효능감이 하나둘 쌓이면 그 범위가 점차 넓어지면서 결국 자신감으로 이어집니다. 쉽게 비유하자면 자신감이 '한 개의 사과'라면, 효능감은 그 사과를 이루는 '한 조각'이라고 이해하면 됩니다.

자신감 없는 자녀가 걱정된다면 아이가 흥미를 갖는 분야에서 효능감을 맛보도록 해 주세요. 많은 부모님이 아이의 미래에만 관심을 두다 보니, 현재를 흘려보내는 일이 많습니다. 이게 바로 클리닉에서 아이를 대하는 저와 부모님의 큰 차이점입니다.

저는 중·고등학생이 찾아오면 역으로 아이의 초등학교 시절을 추적합니다. 공부에 관한 문제만이 아니라 자신감도 마찬가지입니다. 아이가 주눅이 들어 있거나 끝까지 무언가를 해내는 힘이 없다는 것은 자기에 대한 신뢰가 없다는 신호입니다. 자기 신뢰를 쌓도록 하려면 아이가 성장하면서 어디에 재능을 보였고 유독 무엇을 좋아했는지 찾아주고, 그 일을 하게 함으로써 효능감을 느낄 수 있는 환경을 만들어 주는 것이 좋습니다.

공부에 질 수밖에 없는 이유

*

아이가 초등학교 4~6학년이 되면, 공부에 흥미를 두든 그렇지 않든 공부 습관과 전략을 알려 주는 도우미 역할을 부모가 해야 합니다.

제가 예전에 《공부 잘하는 머리, 10살이면 결정된다》라는 책을 출간한 적이 있습니다. 만약 이 책을 다시 낸다면 《공부 잘하는 머리, 10살부터 시작이다》로 바꾸고 싶습니다. 많은 부모님이 선행 학습에 익숙해져서인지 제가 "10살 때 공부 습관을 잡아야 합니다"라고 말씀드리면, 다들 앞서 나가는데 왜 뒷걸음질 치느냐는 듯한 표정으로 저를 바라봅니다.

아이가 10살 전까지는 공부보다 일상생활에서 자기 관리를 잘할 수 있게 돕는 것이 장기적으로 훨씬 이롭습니다. 특히 10살까지는 자녀와 불필요하게 다투지 않도록 주의를 기울여야 합니다. 많은 부모님이 자녀가 초등학교 1학년이 되면 불안감이 갑자기 커집니다. 그래서 유치원 때까지는 따뜻했던 엄마가 하루아침에 호랑이 엄마로 변신하기도 합니다. 엄마의 불안이 공부를 밀어붙이는 힘으로 굳어져서는 안 됩니다. 그렇게 되는 순간 부모와 아이 모두 공부에 지게 됩니다.

공부에 진다는 것은 단순히 성적이 떨어진다는 의미가 아닙니다. 부모님의 불안으로 초등학교 1학년 때부터 이것저것 시키다가 4학년이 되었을 때, 그 나이에 갖추어야 할 사고력과 문제 해결력이 제대로 형성되지 못하는 상황을 말합니다.

불안을 잠재우기 위해 '학원에 발 담그기'를 시작하면 아이가 대학에 들어갈 때까지도 공부가 부모의 손을 떠나지 못하게 됩니다. 아이의 공부가 처음부터 부모에 의해, 부모를 위해 시작되었기 때문에 끝까지 부모 중심의 공부가 될 수밖에 없습니다. 저는 이를 우스갯소리로 '부모의 열차'라고 표현합니다.

저 역시 1남 1녀를 둔 학부모입니다. 저라고 아이를 키우면서 불안이 없었을까요. 그럼에도 선행 학습을 시키지 않은 이유는 단 하나입니다. 지난 20년간 대치동에서 학습 클리닉을 운영하며, 그렇게 해서 무너진 사례를 수없이 보았기 때문입니다. 그 시간 동안 쌓인 경험은 '우리 아이만 선행 학습을 하지 않아도 괜찮을까?'라는 두려움을 충분히 이겨내게 해 주었습니다.

꼭 기억해 주세요. 부모가 공부의 주도권을 쥐는 순간, 아이는 서서히 공부의 주도권을 내려놓게 된다는 사실을요.

명문대를 못 가도
괜찮다고 할 수 있는 용기

고등학교 2학년 상현이는 IQ가 148로 영재 수준이지만 내신 성적이 하위권이었습니다. 저는 이런 사례를 만나면 가장 먼저 하는 일이 과거를 추적하는 일입니다.

"영재원 다닐 때 어땠어? 이때 즐겁지 않았어?"

"저는 그때 힘들었어요. 영재원에서 준 과제가 재미가 없었거든요."

"그럼 엄마에게 그만두고 싶다고 말한 적은 있어?"

"아니요. 제가 영재원에 다니는 걸 자랑하는 엄마가 행복해 보여서……."

"그랬구나!"

"지금 생각하면 저는 그때부터 공부에 흥미를 잃은 것 같
아요."

상현이와 진료실에서 대화를 나누고, 재수까지 내다보
기로 협의한 후 그 일정에 맞춰서 학업을 진행했습니다. 재
수를 권한 이유는 아이가 영재원에서 잃어버렸던 공부에 대
한 흥미를 다시 찾기 시작했고, 잠재된 수학 능력도 뛰어나
명문대 진학을 충분히 기대할 수 있다고 판단했기 때문입니
다. 다만 이를 현실로 만들기 위해서는 1년의 시간이 더 필
요하다고 보았습니다. 상현이와 비슷한 사례는 또 있습니
다. 그 학생 역시 영재원 과제가 버거웠지만, 어머니의 기대
때문에 그만둘 수 없었다고 고백했습니다.

부모님들이 흔히 저지르는 실수가 있습니다. 자녀에게
선행 학습을 시키든, 영재원을 보내든 아이가 별말을 하지
않으면 좋아서 한다고 단정하는 겁니다. 아이가 과제를 수
행하면서 무엇을 즐거워하는지, 영재원에서 배운 내용을 집
에 와서도 이야기하는지, 더 공부하려고 하는지에는 관심을
두지 않습니다. 그저 아이가 영재원에 다니고 선행 학습을

척척 해내는 모습만 봅니다. 공부의 비극은 여기서 시작됩니다. 부모님에게는 희극처럼 보일지 모르지만, 아이에게는 분명 비극입니다. 그리고 그 비극은 결국 부모님에게도 돌아옵니다. 이런 일이 반복되지 않으려면, 부모가 스스로 불안을 잠재우는 연습이 필요합니다.

부모가 욕심을 내려놓으면 아이의 공부 욕심이 살아난다

*

저도 두 아이를 둔 부모이기에 실수를 저지를 때가 많았습니다. '아차' 싶은 마음에 제가 언제 실수를 저지르는지 타이밍을 추적해 봤더니, '아이가 나중에 이런 직업을 가지면 좋겠다'라는 욕심이 생겨날 때 마음이 급해진다는 것을 깨달았습니다. 저도 어쩔 수 없는 욕심쟁이 부모인가 봅니다. 저는 이러한 소망을 내려놓았습니다.

많은 부모님에게 필요한 용기는 아직 오지 않은 자녀의 미래에 대한 기대, 이걸 내려놓는 용기가 아닐까요.

SBS 교양 프로그램 〈영재 발굴단〉에 공부에 두각을 보인 초등학생 딸을 둔 어머니가 출연한 적이 있습니다. 이 어머니는 딸의 의견은 묻지도 않은 채, 외고와 명문대를 거쳐 유엔으로 진출시키겠다는 엘리트 코스를 미리 계획해 두었습니다. 문제는 공부를 잘하는 딸이 어머니의 통제가 없으면 전혀 공부하지 않았다는 점입니다. 초등학교 때는 큰 문제가 되지 않을 수 있지만, 중학교에 진학하면 이런 습관은 더 이상 좋은 성적으로 이어지기 어렵습니다. 그 어머님께 제가 해 드린 말이 있습니다.

“딸이 스스로 공부하게 하려면 어머님이 용기를 내주셔야 합니다.”

“용기요? 무슨 용기요?”

“따님이 명문대에 못 가도 괜찮다고 받아들이는 용기요.”

“……”

“그럼 따님이 알아서 책상 앞에 앉을 겁니다.”

압니다. 우리나라의 모든 부모가 내기 힘든 용기를 부탁했다는 것을요. 실제로 어머님은 제 앞에서 많이 우셨습니다. 자녀를 공부시키려는 부모의 마음을 저라고 왜 모르겠습니까. 하지만 아이가 내는 용기보다 부모님이 내는 용기가 커야만 둘 다 웃는 결과를 만들 수 있습니다.

부모님이 당장 '공부 시키려는 욕심'을 내려놓으면 아이들이 신나서 밤마다 게임만 하고 친구들과 놀러 다닐 것 같죠? 설령 그렇다 해도 일주일 이상은 가지 않습니다. 부모님이 욕심을 내려놓는 순간, 그 욕심은 아이들에게 넘어갑니다. 아이들도 공부가 자기 인생에서 얼마나 중요한지 부모님만큼 잘 알고 있습니다. 그런데 부모가 자기보다 더 욕심을 부리고 목숨까지 거는 모습을 보이면, 아이들은 굳이 그럴 필요가 없다고 느끼게 됩니다. 어떤 분들은 이를 '밀고 당기기 기술'이라고 말하지만, 저는 이것을 '공부 욕심을 아이에게 돌려주는 정공법'이라고 부르고 싶습니다.

사춘기의 반항은 감정 발달의 과정이다

＊

자녀가 사춘기에 접어들면 발달 과정상 반항이 나타나는 것은 자연스러운 일입니다. 정서적으로 부모에게서 독립해 가는 시기이기 때문에 부모 입장에서는 감당하기 어렵게 느껴질 수도 있습니다. 그런데 아이마다 그 정도에는 차이가 있습니다. 이 점이 부모님을 더욱 혼란스럽게 만듭니다.

같은 형제자매라도 누구는 사춘기가 온 줄도 모르게 지나가고, 또 누구는 마치 반항하기로 마음먹은 아이처럼 보이기도 합니다. 왜 이런 차이가 생길까요?

타고난 기질의 영향도 있지만, 자녀가 초등학교 시절 부모님에게서 받은 상처의 정도가 사춘기에 드러나는 반항의 양과 방식에 영향을 미칩니다. 아이들은 그동안 부모에게서 겪은 일들을 마음속에 쌓아 두었다가, 행동이나 말로 표현할 수 있는 시기가 되면 하나씩 꺼내기 시작합니다.

중학생이 되면 아이들은 반항의 의미로 부모가 보는 앞에서 방문을 쾅 닫거나 집 밖에서 보내는 시간을 늘리며 속을 썩이기도 합니다. 행동으로 자신이 화가 나 있다는 것을 드러내는 거죠. 하지만 고등학생이 되면 뇌가 성숙해지면서, 거친 행동 대신 말 한마디로도 자기 의사를 충분히 표현하며 부모와 대등하게 소통할 수 있는 조절력이 생깁니다.

이성과 감정은 같은 속도로 자라지 않는다

*

현석이와 처음 만난 건 초등학교에서 중학교로 넘어가

는 겨울 방학이었습니다. 호불호가 분명한 아이, 곧 죽어도 하고 싶은 말은 하는 아이라는 게 제가 현석이에게 받은 첫인상이었습니다.

"싫은 건 죽어도 못해요. 학원 선생님은 자꾸 시키니까 짜증 나요", "지금 대답하기 싫은데요 왜 저만 말해야 돼요?"라는 말을 서슴없이 던질 만큼 개성이 강한 아이였습니다.

그런데 제가 "그럼 왜 대답하기 싫어? 이전에도 이런 상황이 있었니?"라고 물으면, 현석이의 논리는 갑자기 초등학생 수준으로 떨어졌습니다. 이때 부모님들은 아이 머리를 쥐어박거나 무시하기도 하는데, 이는 아이의 두뇌 발달 과정을 제대로 알지 못해 나타나는 반응입니다.

이성의 두뇌가 발달하면 정서도 함께 성숙할까요? 고등학교에 올라가면 아이들의 표현력은 한층 더 좋아집니다. 상대를 어느 정도 설득할 수 있을 만큼 말이 정교해지기도 합니다.

하지만 그렇다고 해서 감정을 완전히 통제할 수 있는 수준에 이르는 것은 아닙니다. 이성과 정서가 비슷한 수준으로 성숙하는 것은 성인이 되어서야 가능한 일입니다. 따라서 자녀를 볼 때는 '우리 아이는 아직 감정이 덜 자랐구나'라고 이해하는 태도가 필요합니다. 감정이 이성보다 늦게 성장한다는 사실을 알면 부모와 자녀 사이의 충돌을 훨씬 줄일 수 있습니다.

중학생이 되면 아이들의 어휘력과 문장 구사력 같은 표현 능력이 크게 발달합니다. 사실에 근거해 논리적으로 사고하는 힘도 함께 자라지요. 그러다 보니 부모님은 자녀를 어른과 비슷하다고 착각하기 쉽습니다. 하지만 중학생의 논리 능력이 아무리 발달해도 자기 감정을 통제하는 능력은 여전히 초등학생 수준에 머물러 있습니다. 즉, 논리 능력과 감정 조절 능력 사이에 큰 격차가 생기는 시기입니다. 흔히 말하는 '중2병'이라는 표현도 이런 특징에서 비롯된 것입니다. 실제로 클리닉에서도 가장 대화하기 어려운 연령대가 중학교 2학년입니다.

아이를 공부하게 만드는
가장 강력한 동기, 꿈

*

현석이와 부모님 사이에서도 갈등이 잦았습니다. 부모님은 현석이가 아예 말귀를 닫고 산다고 하소연했지만, 현석이는 부모님의 말이 모두 자신을 설득하거나 통제하려는 시도로만 들렸습니다. 문제는 이런 갈등이 집 밖에서도 이어졌다는 점입니다. 학원이나 학교에서 만난 선생님들의 말도 자신을 통제하려는 시도로 받아들이고 있었습니다.

그 결과, 갈등이 없는 선생님이 가르치는 과목은 점수가 잘 나오는 반면, 자신을 통제한다고 느끼는 선생님이 가르치는 과목은 평균 이하의 성적을 받았습니다. 감정이 그대로 성적에 반영되고 있었던 겁니다.

현석이와 한 달 정도 대화를 나누다가 두 가지 사실을 알아냈습니다. 현석이는 벤처 창업가라는 꿈을 이루기 위해 서울대 경영학과를 가고 싶다는 목표가 있었다는 것, 그리고 문제를 풀다가 막히면 자리를 박차고 일어나야만 속이 편해지는, 공부에 대한 '감정 실패'를 겪고 있었다는 것이었습니다.

이전까지는 단순히 감정 기복이 심한 아이로만 생각했는데, 그 원인이 '공부에 대한 실패'였다는 사실을 알아낸 것은 저에게 큰 소득이었습니다. 어른들도 일이 풀리지 않으면 엉뚱한 사람에게 화풀이하거나 예민해지듯 현석이도 그랬던 겁니다. 이 경우, 부모님은 어떻게 해야 할까요?

그보다 먼저 한국에서 아이를 키우는 부모님들께 꿈에 관한 이야기를 하고 넘어가겠습니다. 결론부터 말씀드리면,

아이들에게 꿈은 어른이 생각하는 '직업'과 같은 의미가 아닙니다.

같은 단어, 같은 가치라도 아이와 어른은 전혀 다른 방식으로 해석하고 받아들입니다. 그런데 어른의 시각으로 자녀의 꿈을 판단해 버리면, 아이가 그 꿈을 공부에도 적용하고 교우 관계에도 적용하며 생활 습관을 바꾸는 데 활용할 기회를 잃게 됩니다.

부모가 보기에 자녀의 꿈이 말도 안 되는 것처럼 보일 수도 있습니다. 그래도 일단은 지지해 주는 것이 좋습니다. 꿈만큼 학습 동기를 높이고 감정의 기복을 잠재워 주는 묘약도 드물기 때문입니다. 그러니 '꿈의 힘'을 활용해 공부의 동력을 만드는 전략을 세워 보시기 바랍니다.

아이의 꿈을 지지하라고 권하는 이유는 많은 부모가 어른의 관점으로만 아이의 진로를 판단하는 습관을 갖고 있기 때문입니다. 자녀가 부모나 주변 어른들에게 이야기하는 꿈은 지금 아이의 성장에 영향을 줄 뿐, 그대로 미래의 직업으로 이어질 가능성은 높지 않습니다.

저는 현석이 어머님께 이렇게 말씀드렸습니다. "어머님, 현석이가 대학에 가서 갖게 될 꿈이 직업으로 이어지는 것이지 지금 갖고 있는 꿈이 그대로 직업이 되는 건 아닙니다.

그러니 현석이의 꿈을 지지해 주세요.”

혹시라도 어머님이 무심코 한 말이 현석이의 자존감을 상하게 할까 봐 미리 당부를 드린 것입니다.

그렇다면 아이의 꿈은 공부에 어떤 식으로 도움이 되는 걸까요?

현석이가 학원 선생님과 자주 충돌했던 이유는 단순합니다. 자신을 힘들게 하는 원인이 모두 공부에 있다고 느꼈기 때문입니다. 그러니 그 공부를 시키는 선생님이 원망스러울 수밖에 없습니다.

그런데 벤처 창업가라는 꿈이 생긴 뒤 현석이의 생각이 달라졌습니다. ‘나는 왜 이 문제를 못 풀지?’, ‘나는 왜 이걸 해내지 못하지?’라고 사고의 방향이 바뀐 것입니다. 이것이 바로 꿈이 가진 힘입니다. 이전에는 귀찮고 자신을 괴롭히는 일이었던 공부가, 꿈이 생긴 이후에는 스스로 해결해야 할 과제가 되었습니다.

10대에게 꿈은 부모가 정해 준 목표가 아니라, 처음으로 스스로 선택해 얻은 ‘추상적인 연봉’과 같습니다. 그러니 신이 날 수밖에 없습니다.

아이의 공부를 지켜 주는 비결

현석이는 내적으로 큰 변화를 겪고 있었습니다. 하지만 어머님 눈에는 그 변화가 보이지 않습니다. 어머님이 보기에는 아이가 여전히 학원을 빠지기도 하고, 공부도 하다가 마는 듯해 철이 없어 보일 뿐입니다.

저는 걱정하는 현석이 어머님께 이렇게 말씀드렸습니다. "아이 키는 어머님 눈에도 보이시죠? 키가 자라려면 뼈가 먼저 자라야 합니다. 지금 현석이는 뼈가 자라는 중입니다. 그러니 조금만 기다려 주세요."

동시에 집에서 현석이에게 도움이 될 만한 학습 코칭 방법도 알려 드렸습니다. 이 책을 읽는 부모님들께도 도움이 될 것 같아 소개해 보자면, 먼저 아이가 풀기 어려운 문제를 만났을 때 용기를 주세요. 그리고 실패가 반복되지 않고 '개선될 수 있다'는 믿음을 갖도록 도와주는 학습법을 함께 제시해야 합니다. 정서적 지지와 구체적인 학습 방법이 함께할 때, 아이는 난제를 마주했을 때 느끼는 고통을 이겨낼 수 있습니다.

이 점을 현석이 사례에 적용해 보면, '꿈이 생겼으니 공부가 저절로 될 것이다'라는 이야기가 아닙니다. 그동안 모든 것을 공부 탓으로 돌려 왔던 현석이가 난제를 마주하며 겪는 감정적 고통을 해결하려면, 그에 맞는 현실적인 노력도 함께 따라야 합니다. 그래야 공부에 대한 감정이 조금씩 달라질 수 있습니다.

자신감은 '나는 할 수 있다'는 구호에서 생기는 것이 아니라 실제로 해낼 수 있는 능력에서 나옵니다. 부모님께서는 아이의 공부 습관 가운데 무엇을 고쳐야 하는지 아이와 함께 의논하고, 구체적인 방법을 찾아가는 노력을 기울여 주시기 바랍니다. 자녀가 초등학생이라면 부모님이 교과 과정을 이해하고 아이의 길잡이 역할을 충분히 해 줄 수 있습니다.

저는 현석이와 이런 대화를 나누었습니다.

"수학 문제를 풀다가 자꾸 틀리는데 모르겠어요."

"네 생각에 그 문제는 어떤 아이들이 풀 것 같니?"

"그동안 제가 푼 문제의 양을 보면 이 정도 문제는 풀어야 하지 않을까요."

"그 문제는 수능에서 만점 받는 아이들도 쉽게 못 푸는 문제야."

"안 그래도 학원 선생님이 그렇게 말하기는 했어요."

어떤가요? 현석이가 제게 던진 질문과 대답이 꽤 구체적으로 들리지 않나요? 현석이는 스스로 해결해야 할 과제를 제대로 해내지 못하고 있다고 생각하고 있습니다. 이것이 바로 '학습 의지'입니다.

학습 의지는 난제를 만났을 때 '욱'하는 감정을 조절해 줄 뿐 아니라, 계속해서 그 문제에 집중하도록 돕는 역할을 합니다. 여기에 더해 제가 그 문제가 1등급 학생들도 쉽게 풀지 못하는 문제라고 설명해 주자 현석이는 안도감을 느꼈고, 공부에 대한 자신감을 잃지 않을 수 있었습니다.

공부도 해야 하지만
자라기도 해야 합니다

*

아이들은 유치원에 들어가면 배우는 일에 열심입니다. 그러나 중학교에 들어갈 무렵이 되면 배움에 대한 열정이 연기처럼 사라지기도 합니다. 이 시기에는 부모나 선생님이 정해 준 스케줄이나 커리큘럼, 기성세대가 중요하다고 여기는 가치에 공감하거나 따르려는 마음이 줄어들기 때문입니다.

물론 이 과정에서도 학습 동기를 잃지 않고 꾸준히 공부하는 학생도 있습니다. 하지만 많은 학생이 자신감 부족이나 정서적 불안, 주변의 기대 등 여러 요인으로 인해 학습 동기가 떨어지는 경험을 하게 됩니다. 여기서 잠시 사춘기에 대해 살펴보고 넘어가겠습니다.

사춘기 청소년들은 자신의 정체성을 고민하고 스스로를 이해하려고 노력합니다. 그러면서 자연스럽게 부모로부터 더 많은 독립을 하려 합니다. 공부에만 집중하길 바라는 어머님의 기대와 달리, 아이들은 사춘기를 겪으며 부모가 들어올 수 없는 자신만의 '진입문'을 만들기 시작합니다. 이 문은 아이만 드나들 수 있고, 아이가 허락한 친구들만 오갈 수 있는 마음의 통로와도 같습니다.

요즘은 초등학교 고학년 때부터 사춘기가 시작되는 경우가 많아 부모님들이 더욱 힘들어합니다. 여전히 부모님 눈에는 어린아이인데, 어느 순간 반항을 하고 자기 목소리를 내기 시작하니 당황스러운 것입니다. 다른 부모들을 통해 요즘 아이들의 성장이 빠르고 사춘기가 일찍 온다는 이야기를 들어 왔더라도, 막상 내 아이의 일이 되고 나면 쉽게 대응하기 어려운 것이 사실입니다. 그때 제가 해 드리는 말이 있습니다.

"아마 어머님이 사춘기였을 때는 본인이 사춘기인지도 몰랐을 겁니다. 그때는 어머님의 어머님이 그 시기를 다 받아 주셨을 테니까요. 지금은 따님 때문에 어머님도 처음으로 사춘기를 겪고 계신 겁니다."

그리고 아이가 바깥으로 나가는 문을 만든다고 해서 소외감을 느끼지 말라는 말도 덧붙입니다. 그 문으로 나가 친구들과 놀다 학원 시간을 놓치기도 하고, 자신이 만든 문 근처에는 부모가 얼씬도 못 하게 하며 실랑이가 벌어질 수도 있습니다.

하지만 아이는 공부만 해야 하는 존재가 아니라 성장도 해야 하는 존재입니다. 그 과정 역시 아이가 세상과 만나기 위해 꼭 필요한 경험입니다. 이런 변화를 존중해 줄 때, 사춘기를 겪는 아이는 다시 부모의 곁으로 돌아올 수 있습니다.

공포가 사라지면 공부를 놓는 아이들

많은 부모님이 사춘기 아이를 공부시키는 방법으로 공포심을 조장합니다. 이 방법이 당장 효과가 있을지는 몰라도 부모가 통제를 그만두는 순간, 요요 현상이 가장 빨리 나타나는 교육 방식이기도 합니다.

현정이는 엄마의 불안감을 없애려고 '공부하는 척'했습니다. 겉으로 보기에는 말썽을 피우지 않는 모범생 딸이지만 이상하게 수업 시간만 되면 멍만 때리고 성적이 오르지 않아서 학습 클리닉을 찾아왔습니다.

현재 중학교 2학년인 현정이는 어렸을 때부터 엄마가 무서워서 시키는 것은 다 했지만 한 번도 자신의 의지를 사용한 경험이 없었습니다. 그러다 보니 의지를 갖고 문제를 풀거나 자기 머리로 생각을 해야 하는 상황이 오면 멍을 때리는 식으로 현실을 회피하게 된 겁니다.

어머니와 면담한 결과, 현정이가 책상에서 딴짓할 때마다 "이 성적으로는 한국에서 사람 구실 하기 힘들다"는 말로 공포를 조장해 왔으며, 현정이는 이런 엄마의 말도 멍하게 듣는다는 것을 알아냈습니다.

이처럼 많은 부모님이 자녀가 말을 듣지 않으면 이른바 협박이나 공포 마케팅으로 교육을 합니다. 그런데 공포 마케팅에는 두 가지 특징이 있다는 사실을 아시나요?

첫째, 한 번 시작된 공포는 끝까지 가야 합니다. 공포에 길들여진 아이들은 그 자극이 사라지면 아예 공부를 놓아버립니다. 성공적인 삶을 살기 위해서는 속도가 아니라 방향이 중요하다는 말을 들어본 적이 있을 겁니다. 공부도 마찬가지입니다. 공포 조장에 길든 아이는 공부하는 목적이 '공부에 대한 지향성'이 아니라 '공포를 피하기 위한 보호적 행동'에 있으므로, 자극이 없어지면 공부할 이유도 사라지게 됩니다.

겁을 먹고 공부를 시작한 아이가 자기 주도적인 학습, 혹은 업무 태도를 보이기 어려운 배경이 여기에 있습니다. 자녀가 사회에 나가서 공포 마케팅을 사용하는 상사 밑에서 일할 때만 성과를 낸다고 생각해 보세요. 얼마나 속이 상하시겠습니까.

둘째, 공포라는 자극의 강도가 점점 세져야 합니다. 부정적인 감정에도 내성이 생기기 때문에 부모가 아이를 움직이게 하려면 갈수록 이전보다 '더 독한 자극'을 줘야 합니다. 아이는 점점 위축될 수밖에 없고 공부 이야기만 나오면 부모님이 독설을 내뱉으니 공부에 대한 감정도 나빠질 수밖에 없습니다.

아직 10살이 되지 않은 아이라 하더라도 부모가 자신에게 주입한 공포심을 고스란히 느낍니다. 아이가 반항하지 않거나 말을 하지 않는다고 해서 느끼지 않는 것이 절대로 아닙니다.

"원장님, 우리 현정이가 사춘기라서 부모에게 반항하려고 공부를 안 하는 건가요?"라며 어머님이 물은 적이 있습니다. 현정이가 공부를 안 하는 까닭은 반항이 아니라 항상 엄마의 협박이 조건화된 상태에서만 공부를 해 왔는데, 어머니가 다시 직장을 다니기 시작하면서 하루아침에 '엄마의 반강제적인 관리'에서 벗어났기 때문입니다. 중요한 것은 더 나아진 상태가 아니라 기존의 공포 분위기가 사라진 상태 즉, 제로가 되었다는 점입니다.

"공포가 사라진 상태라면 아이에겐 더없이 좋은 환경이 아닌가요?"라고 물을 수 있지만, 현정이처럼 자기 주도적으로 공부한 경험이 없는 아이라면 그렇지 않습니다. 무엇보다 사람은 모름지기 새로운 환경에 적응한 뒤 그곳에서 살아가는 방식을 터득해야 마음이 편해지는 존재입니다. 그런데 현정이는 적응해야 할 환경이 사라진 진공 상태에 있습니다. 얼마나 아이가 붕 떠 있을까요? 그래서 전 현정이 어머님의 출근을 기점으로 '공포'라는 자극 대신 자기 주도 학습을 할 수 있는 환경을 만드는 데 총력을 기울여 달라고 당부했습니다.

성적보다 중요한 것은 자녀를 놓치지 않는 일

＊

어떤 경우에도 부모의 소망이 자녀의 행복보다 앞서는 일은 곤란합니다. 이것은 자녀 교육에서 반드시 지켜야 할 약속이자 원칙입니다. 아이가 어느 대학에 가는지, 앞으로 어떤 직업을 갖게 되는지보다 더 중요한 것은 부모가 자녀를 놓치지 않는 일입니다.

현장에서 이런 부모님을 마주할 때면, 단순히 아이가 공부를 못해서 찾아온 부모님을 만날 때보다 몇 배는 더 힘이 듭니다. 아이가 부모 곁으로 돌아오기까지는 오랜 시간이 걸리고, 그동안 부모와 아이 모두 깊은 심리적 추위를 견뎌야 하기 때문입니다.

"내 속으로 낳은 자식이 낯설게 느껴지는 기분, 원장님은 모르시죠?" 눈물을 흘리며 이렇게 말하던 50대 어머님도 있었습니다. 그 어머님은 아들과 3년이나 서먹한 시간을 보내야 했습니다. 그것도 자연스럽게 화해가 된 것은 아니었습니다. 결국 아들이 어머님과 떨어져 지내고 싶다며 기숙사 생활을 할 수 있는 지방 대학에 진학하면서 비로소 그 혹한기가 끝났습니다.

어제까지만 해도 공부를 못하면 사람 취급을 하지 않던 부모가 갑자기 "공부는 안 해도 되니 밝게만 자라다오"라고 말한다고 해서 아이들이 곧바로 마음의 문을 열까요? 그렇지 않습니다.

그래서 저는 모든 부모님, 특히 아이 교육을 전담하는 어머님들께 한 가지 제안을 드리고 싶습니다. 아이를 공부시키는 일은 하루이틀로 끝나는 일이 아니라 12년 가까이 이어지는 긴 과정입니다. 그러니 '공부시키기'라는 작은 목표와 함께 '자녀를 놓치지 않기'라는 큰 목표를 함께 세워 두시기 바랍니다. 그래야 작은 목표가 뜻대로 되지 않을 때도, 큰 목표를 붙잡고 아이와 함께 어두운 긴 터널을 지나갈 수 있습니다.

아이를 놓치지 않으면서 공부에 관여하는 일은 생각보다 쉽지 않습니다. 부모가 아이의 공부를 직접 지도하기 어렵기 때문에 학원에 맡길 수밖에 없다고 생각하는 분들도 계실 겁니다. 하지만 아이의 공부 문제를 해결하기 위해 부모가 공부 내용을 모두 이해하고 대신 지도할 필요는 없습니다.

부모님은 공부를 가르치는 역할이 아니라, 아이가 공부를 이어 갈 수 있도록 옆에서 지지하는 역할을 해 주시면 됩니다. 특히 아이가 중학생이 되면 공부는 자연스럽게 부모의 손을 떠나게 됩니다. 이때 아이가 학습에 어려움을 겪더라도 다시 공부로 돌아올 수 있도록 정서적 버팀목이 되어 주세요.

아이가 문제에 직면했을 때 '부모님과 함께 해결하려는 태도를 보이는지'가 중요합니다. 제가 클리닉에 온 아이에게 "이제 그만 와도 되겠네"라고 말하는 시점도 바로 이때입니다. 부모를 자신을 관리하고 통제하는 대상으로 여기던 아이가, 부모와 공부에 관해 의논하려는 태도를 보이기 시작할 때말입니다.

예를 들어 아이가 "엄마, 공부가 잘 안되니까 제 옆에 있어 주세요"라고 먼저 말한다면, 엄마와 아이 사이에서 발생하던 감정적인 소모는 크게 줄어듭니다. 그래서 저는 아이의 학습 역량이 선행 학습에서 나오는 것이 아니라 부모와의 원만한 관계에서 비롯된다고 계속 강조합니다.

좀 더 쉽게 말해 보겠습니다. 학습 시간이나 영재원 같은 물리적인 공부는 아이가 명문대에 진학하는 데 필요한 역량을 키우는 데 '한 칸' 정도 기여합니다. 하지만 부모와의 원만한 관계는 명문대 진학까지 스무 칸이 있다고 했을 때 마지막 칸까지 영향을 미칩니다. 우리의 목표는 한 칸이 아니라 스무 칸이 아닐까요. 그러니 부모님 스스로 시야를 조금 더 멀리 두고, 큰 목표를 이루는 방향에서 자신의 역할을 바라보셨으면 합니다.

비교적 학습 난이도가 낮은 초등학생 자녀도 부모에게 도움을 요청할 수 있습니다. 예를 들어 아이가 "엄마, 구구단을 5단부터 외우면 안 될까요?"라고 묻는다면 "무슨 소리야. 순서대로 외워야지"라며 윽박지르기보다, 왜 5단부터 외우고 싶은지 물어보는 것이 좋습니다. 그래야 "4단이 어려워요"라는 아이의 진짜 어려움을 들을 수 있고, 그 문제를 해결하도록 도와줄 수 있습니다.

아이가 지금 공부에 대해 어떤 생각을 하고 있는지 충분히 소통하지 않은 채 진도만 나간다면, 아무리 좋은 학원을 다니고 유명한 선생님에게 배워도 성적은 쉽게 오르지 않습니다. 아이의 공부를 완성하는 마지막 한 칸은 결국 부모와의 관계이기 때문입니다.

관계가 무너지면
성적이 흔들립니다

성적이 좋은 아이일수록 순응적인 성향이 강하지만 부모에 대한 의존도가 높습니다. 당연하지 않을까요. 자기가 하고 싶은 대로 하면 우리나라 교육 시스템 안에서 좋은 성적을 거두기가 매우 어렵습니다. 바로 이것이 "우리 아이는 공부는 잘하는데 왜 이렇게 미성숙할까요?"라며 어머님들이 갖는 의문에 대한 답입니다. 결국, 아이의 좋은 성적은 하고 싶은 대로 할 수 있는 경험을 통해 얻어지는 성숙함을 희생하고 얻은 결과물입니다.

그럼 어머님만 아이 공부 때문에 힘들어할까요? 요즘은

그렇지 않습니다. "아이 하나 공부시키는 게 남북통일만큼 힘드네요. 아이랑 아내랑 매일매일 공부 전쟁입니다"라며 하소연을 하시던 아버님 모습이 떠오릅니다.

중학교 1학년 딸과 2학년 아들을 둔 아버님이기에 제가 "가장 공부시키기 어려운 시기의 자녀가 둘이나 되니 힘드시겠어요"라며 위로의 말을 전했습니다.

사춘기에도 알아서 공부하는 아이로 기르는 법

*

이 책을 보는 부모님이나 제가 고등학생일 때만 해도 중학교까지 놀다가 고등학교 때 바짝 공부해도 대학에 진학하여 원하는 직업을 가질 수 있었습니다. 그런데 요즘은 어떤가요? 빠르면 초등학교, 늦어도 중학교 때 아이를 붙잡고 공부를 시키지 않으면 소위 말해 안정적인 인생을 사는 데 필요한 컨베이어 벨트에 탑승하기 어렵습니다. 현실이 이렇다 보니 아이들은 감정적으로 가장 미성숙한 중학교 시기에 가장 많은 공부를 하게 되었습니다.

아이들도 할 말이 많습니다. 안 그래도 초등학교 때와

비교해 학습 난이도와 분량이 늘어나서 힘들어 죽겠는데 여기저기서 압박을 가하니 힘은 힘대로 들고 공부는 안 풀리고 지옥이 따로 없습니다. 공부를 하려는 아이도, 시키는 부모님도 감정이 많이 소비되는 이유입니다. 그래서 초등학교 때 아이를 감정적으로 보살피고 탄탄한 관계를 구축해 놓는 작업이 중요합니다.

아이와 부모의 관계 따로, 학업 따로가 아니라 이 둘은 인과관계에 놓여 있다는 사실을 명심하세요. 그래야 사춘기 시기에 아이와 덜 부딪히면서 공부를 시킬 수 있습니다.

학습 동기에서 '관계'라는 것은 대단히 중요한 틀을 제공합니다. 수십 년 동안 많은 사회심리학자는 아이가 부모로부터 존중받으면 사회에서 관계를 잘 맺을 뿐만 아니라 공부에도 열정적이라고 전했습니다. 주의력에 문제가 있는 아동들도 이러한 요소로 성공적인 학습을 할 수 있다고 주장한 학자도 있습니다. 아이들은 자신을 감정적으로 격려하고 지지해 주는 한 사람의 멘토만 있어도 역경을 헤쳐 나갈 수 있습니다.

● Stipek & Seal(2001); Hallowell(1999)

불안에 휩싸이면 공부가 멈춘다

*

감정 기복이 심하거나 예민한 아이들은 공부할 시간을 충분히 확보하기 어렵습니다. 해결해야 할 과제의 분량이나 난이도에 따라 감정의 진폭이 크게 흔들리기 때문입니다. '이걸 다 언제 풀지', '나만 이 문제를 어려워하는 건가' 이런 생각으로 감정을 처리하는 데 많은 에너지를 써 버립니다. 아직 자신의 감정도 혼자서 다루기 어려운 나이에, 공부와 관련된 감정까지 해결해야 하니 힘이 들 수밖에 없습니다.

중학교 1학년 민정이도 그런 경우였습니다. 민정이는 외고 진학을 목표로 스스로 공부하는 학생이었습니다. 그런데 이상하게도 시험 전날만 되면 한 글자도 보지 않고 시험을 보는 습관이 있었습니다.

민정이와 면담해 보니 시험 전날이 가장 견디기 힘든 날이라고 했습니다. 시험 기간이 가까워질수록 그동안 공부한 내용에 대한 자신감이 점점 사라진다는 것입니다.

'프린트를 다 보긴 했는데 머릿속에 남아 있을까?', '반복해서 틀린 문제가 있는데 그게 시험에 나오면 어떡하지?' 이런 고민이 쌓이면서 민정이는 결국 '시험 전날에는 모든 걸 다 봐야겠다. 그런데 그건 불가능하니 차라리 책을 덮자'라는 결론에 이르게 된 것이었습니다.

민정이에게서 또 한 가지 놀라운 이야기를 들었습니다. 옆에서 자신을 걱정스럽게 바라보는 엄마의 표정이 오히려 자신을 더 불안하게 만든다는 것이었습니다. 엄마는 아이가 공부를 하는지 안 하는지를 살피고 있었지만, 민정이는 그런 엄마의 표정과 마음을 읽고 있었던 것입니다.

저는 어머님께 민정이가 현재 어떤 상태에 있는지 설명드렸습니다. 그런데 놀랍게도 어머님은 '민정이는 공부할 마음이 있는 아이'라는 믿음 자체가 없었습니다. 이는 매우 중요한 문제입니다.

부모가 아이를 '공부할 마음이 있는 아이라고 믿으면' 아이를 지원하려는 태도를 보이게 됩니다. 하지만 아이를 믿지 못하면 자연스럽게 감시하려는 태도가 나타납니다. 그리고 민정이 역시 엄마가 자신을 믿지 못한다는 시선을 이미 느끼고 있었습니다.

불안을 믿음으로 바꾸면
성적이 기적처럼 상승한다

*

저는 민정이는 민정이대로, 어머님은 어머님대로 따로 코칭하기로 했습니다. 민정이에게는 시험 전날 모든 진도를 한꺼번에 보려는 공부 습관에 제동을 걸고, 어떤 과목을 얼마만큼 공부할지 함께 의논했습니다. 어머님에게는 민정이가 의지를 가지고 열심히 공부하는 아이라는 피드백을 꾸준히 전했습니다. 어머님이 이 사실을 받아들여야 민정이도 '엄마의 표정이 달라졌다'고 느낄 수 있기 때문입니다.

이 과정을 약 3개월 정도 반복하면서 민정이 어머님의 태도가 서서히 바뀌기 시작했습니다. 그리고 놀랍게도 그때부터 민정이의 성적이 빠르게 오르기 시작했습니다. 그리고 연세대학교에 진학했습니다.

이와 비슷한 사례를 저는 여러 번 보았습니다. 엄마가 자신을 바라보는 시선이 불안에서 믿음으로 바뀌었다는 것은, 아이가 시험을 떠올릴 때마다 자신을 불안하게 만들던 커다란 축 하나가 사라졌다는 뜻입니다. 다른 한 축은 저와 함께 시험 범위를 체계적으로 정하고 차례대로 공부하는 습관을 들이면서 해결되었습니다. 만약 어머님이 달라지지 않았다면, 민정이에게 시험 전날은 여전히 두려운 날로 남아 있었을 것입니다.

"우리 집은 그 정도는 아니라서 괜찮아요", "아이가 착하고 순해서 그나마 다행이에요"라며 아이와의 관계를 돌아보려 하지 않는 어머님들에게는 죄송하지만, 저는 그것이 결국 운에 맡기는 것에 불과하다고 말씀드리고 싶습니다. 부모에게 골칫덩이가 되는 아이가 꼭 밖으로 돌며 피시방에서 시간을 보내는 아이만은 아닙니다. 책상 앞에 앉아 멍하니 시간을 보내다가 학습 역량을 제대로 발휘하지 못하는 아이가 부모님을 더 많이 울리기도 합니다.

요즘은 전업주부든 워킹맘이든 "아이가 너무 바빠서 유대감을 쌓을 시간이 없어요"라는 말을 자주 합니다. 충분히 이해합니다. 아이들이 집보다 학원에서 보내는 시간이 더 많으니 부모와 함께하는 시간이 줄어들 수밖에 없습니다.

그럴 때 저는 조심스럽게 제안합니다. "학원 하나만 줄이면 아이와 친해질 시간을 조금 더 확보할 수 있지 않을까요?" 학원 하나만 줄여도 그에 딸린 과제가 줄어들고, 공부 말고 다른 이야기를 나눌 수 있는 시간을 만들 수 있습니다.

아빠는 '필터'가 되고
엄마는 '레이더'가 된다

아이가 좋은 대학에 가려면 할아버지의 재력, 아빠의 무관심, 엄마의 정보력, 동생의 희생이 필요하다는 말을 흔히 합니다. 하지만 제 생각은 조금 다릅니다.

다만, 아빠의 '무관심'이 엄마가 모은 정보를 객관적으로 판단하는 데 도움이 되는 경우는 자주 보았습니다. 어머님들은 발품과 손품, 귀동냥까지 총동원해 정보를 수집합니다. 게다가 성공 사례도 많이 알고 있기 때문에 그 정보에 대한 믿음이 매우 강해지기 쉽습니다.

반면 아버님들은 힘들게 정보를 모으기보다는 아내가

가져온 정보를 듣고 판단하는 단계에서 아이의 공부에 관여하기 시작합니다. 차이가 보이시나요. 엄마와 아빠가 같은 정보를 접하더라도 그 출발점은 이미 다릅니다. 발품을 팔며 정보를 모은 엄마와, 그 정보를 비교적 편한 위치에서 듣는 아빠 사이에는 시각의 차이가 생길 수밖에 없습니다.

저는 부모님께 이 차이를 오히려 잘 활용해 보라고 권하고 싶습니다.

아빠의 무관심이 정보를 걸러 준다

*

보통 아버지들은 실무적이고 문제 해결적인 성향이 강합니다. 어머님과 아버님이 함께 시간을 내 설명회를 다니면 가장 좋겠지만, 현실적으로 쉽지 않은 경우가 많습니다. 이런 상황이라면 어머님이 수집해 온 정보를 아버님이 '성의 있게' 듣고 함께 판단해 보는 전략을 추천하고 싶습니다.

예를 들어 아내가 여섯 곳의 학원 설명회를 다녀왔다면, 아버님이 그 정보를 바탕으로 우선순위를 정하거나 어떤 정보를 집중적으로 살펴볼지 판단하는 데 도움을 줄 수 있습니다. 아내 입장에서는 온종일 학원을 쫓아다니며 모은 정보라 어느 하나 쉽게 버리기 어렵습니다. 이때 아버님이 대신 가지를 쳐 줄 것은 쳐 주고, 가져갈 것은 가져가자며 방향을 잡아 준다면 서로에게 득이 됩니다. 혹은 여섯 곳의 학원에서 제시한 정보를 종합해 또 다른 선택지를 찾아볼 수도 있습니다.

사실, 제가 말하는 '아빠의 무관심'이란 말 그대로 관심이 없는 상태를 뜻하는 것이 아닙니다. 어머님에 비해 직접 발품을 팔지 않은 만큼 정보에 대한 맹신이나 감정을 조금 덜어낸 상태에서 선택을 돕는 역할을 의미합니다. 그래야 아버님의 관여도 비로소 의미를 갖게 됩니다.

나아가 아버님들이 아이들에게 해 줄 수 있는 또 하나의 역할이 있습니다. 바로 '학습 도우미'입니다. 아이들과 세상 돌아가는 이야기를 함께 나누는 것이 좋습니다. 무턱대고 일장연설을 늘어놓는 방식은 도움이 되지 않습니다.

아빠만이 해 줄 수 있는 교육
*

예전에 KBS 다큐 《시사기획 창》이라는 프로그램의 〈로봇 혁명, 미래를 바꾸다〉라는 회차를 재미있게 본 기억이 있습니다.

전 세계의 교육이 아직도 100년 전에나 원하는 인재를 길러내고 있다는 자막이 제 눈을 사로잡았습니다. 이 정도 수준이면 아이가 봐도 이해할 수 있고 남자아이니 로봇, 인공지능에 관심을 가질 거라는 생각이 들어 당시 아들에게도 볼 것을 권했습니다.

프로그램을 보다 보면 중간 정도에 아이들이 반 친구가 아니라 로봇을 경쟁자로 생각하는 시대가 올 거라는 빅데이터 전문가 송영길의 말이 나옵니다.

요약하면 '옆 친구가 나보다 잘하는 게 뭐지?'가 당시 아이들의 고민이라면 '로봇이 할 수 없는 게 뭐지?'로 고민의 화두가 옮겨 간다는 충격적인 내용이었습니다. 제가 10대 청소년을 상대하는 직업인이라 그런지 더욱 마음에 와 닿았습니다.

당시엔 이런 이야기가 아직 이르다고 느끼는 분들이 많았을 겁니다. 그러나 2016년 3월 구글이 개발한 인공지능인 알파고와 한국의 이세돌 기사와의 대국은 이미 그 미래가 눈앞에 닥쳐왔다는 것을 보여 줬습니다. 그리고 지금은 그로부터 또 10년이 흘렀습니다.

이번에는 조금 더 현실적인 이야기를 해 보겠습니다. 요즘 부모님들은 "아이들이 커서 어떤 직업을 가지게 될까?"라는 고민을 가장 많이 합니다. 인공지능과 자동화 기술이 빠르게 발전하면서 직업의 모습도 빠르게 달라지고 있기 때문입니다. 그렇다면 이런 시대에 우리는 아이들에게 무엇을 준비시켜야 할까요?

과거에는 '기술 실업'이라는 말을 먼 미래의 이야기처럼 여겼습니다. 하지만 지금은 상황이 많이 달라졌습니다. 인공지능이 번역을 하고, 기사 초안을 작성하며, 법률 자료를 찾고 투자 정보를 분석하는 일까지 수행하고 있습니다. 한때 인간만 할 수 있다고 생각했던 지식 노동의 영역에도 기술이 빠르게 들어오고 있는 것입니다.

이러한 변화는 특정 국가의 이야기가 아닙니다. 이제는 우리나라에서도 인공지능을 활용해 기사를 작성하고 투자 정보를 분석하며 법률 문서를 검토하는 사례를 어렵지 않게 찾아볼 수 있습니다. 기술이 이렇게 빠르게 발전하고 있는 만큼, 아이들이 살아갈 세상에서는 지금과는 다른 방식으로 공부하고 일하게 될 가능성이 큽니다.

부모님 스스로 자녀의 미래를 놓고 학업에 대한 생각을 업그레이드하는 훈련을 해 나가야 합니다. 저는 미래 석학도 아니고, 통계학자도 아닙니다. 하지만 기술이 아무리 발전해도 아이들의 천진난만한 질문, 비판적인 사고, 정보를 새롭게 조합하는 창의성은 쉽게 대체할 수 없다고 믿습니다. 다행스러운 점은 우리 아이들의 뇌에는 이러한 능력이 충분히 매장되어 있다는 겁니다. 단지 우리나라의 교육 시스템이 그것을 발굴하지 않은 것뿐입니다.

그러니 집에서라도 부모님들이 아이의 창의성을, 다르게 생각하는 용기를 놓치지 않도록 말을 걸어주고 반응해 주셔야 합니다. 그럼 기술이 아니라 신이 와서 직업을 빼앗더라도 아이의 장래는 밝을 수밖에 없습니다.

제가 이런 이야기를 하는 이유는 두 가지입니다. 첫째, 아버님들이 자녀와 나눌 수 있는 대화의 재료가 될 수 있기 때문입니다. 우리나라에서는 대체로 어머님들이 학습 도우미 역할을 맡는 경우가 많습니다. 그렇다면 아버님들은 아이들이 세상 돌아가는 일에 관심을 갖고 창의적이고 비판적으로 생각하는 습관을 기를 수 있도록 도와주는 역할을 하는 것이 좋습니다.

요즘은 초등학교 고학년 아이들도 재미있게 볼 수 있는 수준의 다큐멘터리 프로그램이 많습니다. 아빠와 아이가 함께 공유하는 콘텐츠가 늘어나면 둘 사이가 자연스럽게 가까워질 뿐 아니라, 아이가 아빠에게 말을 거는 습관을 사춘기

이전에 들일 수 있습니다. 이런 경험은 결국 아이가 사춘기를 보다 현명하게 보내는 데에도 도움이 됩니다.

둘째, 부모가 기존의 교육 패러다임을 바꾸지 않은 채 아이를 바라보면 불안해질 수밖에 없기 때문입니다. 부모님의 머릿속에 있는 진로가 의사나 판검사처럼 몇 가지로 제한되어 있다면 불안해지는 것은 어쩌면 당연합니다. 선택지가 열 개라면 열 개의 길이 보이지만, 하나뿐이라면 그 길로 아이를 밀어 넣을 수밖에 없습니다. 그러다 보니 아이가 그 좁은 문을 통과할 만한 준비가 되어 있지 않다고 느껴지면 부모님의 불안도 덩달아 커질 수밖에 없습니다.

아이를 공부시키는 엄마로 산다는 것

＊

여기서 한 가지 말씀드리고 싶은 것이 있습니다. 교육 문제로 아이와 갈등을 겪고 예민해진 어머님을 이해해야 할 사람은 아이가 아니라 아버님이라는 점입니다. 아이를 공부시키는 대부분의 역할을 어머님들이 맡고 있을지라도 그 책임까지 어머님들에게만 떠맡겨서는 안 됩니다.

우리나라 어머님들이 왜 옆집 아이가 다니는 학원을 따

라 보내지 못해 마음이 불안해하고, 힘들게 학원을 찾아다니며 정보를 모으는지 아시나요? 많은 어머님이 학원을 가장 안전한 선택이라고 믿기 때문입니다. 왜 그럴까요?

아이 교육이 잘못되면 책임이 어머님에게 돌아오는 경우가 많아서 그렇습니다. 힘들게 번 돈으로 교육을 시키는 상황에서 부담감은 결코 가볍지 않습니다. 친척이나 주변 시선도 신경 쓰지 않을 수 없습니다. 이런 상황을 생각하면 우리나라 어머님들이 느끼는 압박감이 얼마나 큰지 짐작할 수 있습니다.

'저렇게 많은 사람들이 선택하는 데에는 이유가 있을 것이다', '저 부모들이 바보가 아닌 이상 시간과 돈을 그렇게 쓰지는 않을 것이다'라는 생각은 결국 '아이 공부만큼은 확실하게 챙겨야 한다'는 사명감으로 이어지기도 합니다.

조금 더 솔직하게 말씀드리겠습니다. 만약 우리 아이가 많은 사람이 선택한 정보와 교육 코스를 따라갔다가 실패하더라도, 어머님 입장에서는 마음이 덜 불안할 수 있습니다. 나나 우리 아이만 실패한 것이 아니기 때문입니다.

제가 너무 아픈 이야기를 꺼낸 것일까요. 하지만 이런 과정이 반복되면 가장 중요한 '우리 아이'가 빠진 채 학습 계획이 세워지기 쉽습니다. '이 방법이 우리 아이에게 맞을까?', '우리 아이는 이 코스를 따라갈 준비가 되어 있을까?' 같은 질문은 사라지고, 대신 '이걸 시키면 특목고에 가는 데 유리하겠지', '이 정보대로 하면 아이 아빠도 뭐라고 하지 않겠지'라는 방향으로 흐르게 됩니다.

그래서 어머님의 불안을 덜어 주기 위해서라도 아버님들이 나서 주셔야 합니다. 아내가 짊어진 부담감을 함께 나누려는 마음 한 스푼, 말 한마디가 어머님들에게 교육을 바라보는 균형 잡힌 시각을 만들어 줄 수 있습니다.

자사고 우등생들이
무너지는 이유

평소 잘 아는 분이 교감으로 있는 강남의 한 자사고에서 전문가의 도움을 받고 싶다며 연락을 주셔서 부랴부랴 학교를 찾아간 적이 있습니다.

요청받은 내용은 이랬습니다. 1년 전까지만 해도 전교 50등 안에 들던 학생 10명의 성적이 이전과 비교해 전교 석차가 50등 이상 떨어졌는데, 그 원인을 찾아달라는 것이었습니다.

전교 50등이면 반에서 3등 안에 드는 우등생입니다. 이런 학생들의 등수가 왜 갑자기 떨어지게 된 걸까요? 처음이 이야기를 들었을 때는 시험 불안증이 원인일 것이라 생각했습니다. 하지만 학생들과 면담을 진행하면서 그것이 아니라는 사실을 알게 되었습니다.

이들에게는 공통점이 있었습니다. 첫 번째는 한 번 성적이 떨어지면 회복이 쉽지 않다는 점이었습니다. 강남의 자사고는 기본적으로 공부를 잘하는 학생들이 모여 있는 곳입니다. 떨어질 때는 30등씩 미끄러지지만, 죽도록 공부해도 올라갈 때는 고작 3등 정도밖에 오르지 않습니다. 바로 이 구조 때문입니다. 그러니 아이들은 자연스럽게 '이제는 해도 안 되는구나'라는 좌절에 빠질 수밖에 없습니다.

평균 50등 이상 성적이 떨어진 학생들에게서 발견된 두 번째 공통점이자 성적이 '뚝' 떨어진 결정적인 이유도 말씀드리겠습니다.

양으로 공부한 아이들의 한계

＊

원인은 크게 두 가지로 좁혀졌는데, 먼저 성적이 갑자기 떨어진 것이 아니라는 점입니다. 이들은 공부법에 한계가 왔고, 결국 떨어질 시점에 떨어진 것이었습니다.

놀랍게도 이 우등생들에게는 시간을 관리하는 방법, 과목별 공부법, 자신에게 맞는 노트 필기 방식 같은 기본적인 공부 전략이 거의 없었습니다. 저는 충격을 받아 학생들에게 지금까지는 어떻게 공부해 왔는지 한 명씩 물어보았습니다.

들어보니 학생들은 어릴 때부터 대치동식 로드맵을 따라 남들보다 더 빨리 시작하고 더 늦게까지 공부를 꾸준히 해 왔다는 사실을 알게 되었습니다. 즉, 이들은 '양'으로 공부해 온 학생들이었습니다. 그런데 이렇게 양으로만 공부해 온 학생들이 어느 순간 성적이 무너지면, 다시 올라가려고 할 때 큰 어려움을 겪게 됩니다.

양으로 하는 공부에는 분명한 한계가 있습니다. 특히 학생들 사이의 '학습 시간 격차'가 크지 않은 고등학교 시기에는 그 한계가 더욱 분명하게 드러납니다. 그래서 저는 아이들이 초등학교 5·6학년 때부터 '질로 하는 공부 습관'을 들여야 한다고 말씀드립니다. 아이에게 맞는 공부법을 찾는다는 것은 공부의 효율성을 높여 준다는 뜻이기도 하고, 장기전인 마라톤 공부를 버텨야 하는 아이의 물리적·정서적 건강을 지켜 주는 일이기도 합니다. 이 점을 꼭 기억해 주시면 좋겠습니다.

정서 문제가 공부 채무로 이어진다

*

아무리 양으로 공부해 왔다고 해도 중요한 시기에 공부를 놓았다는 사실이 쉽게 이해되지 않을 수 있습니다. 그래서 저는 아이들의 성적이 '뚝' 떨어졌다는 이 지점에 주목해 보았습니다. 놀랍게도 10명 모두에게서 정서적인 문제가 발견되었습니다.

한 학생은 게임에 빠졌고, 또 다른 학생은 부모님은 의대 진학을 원하지만 본인은 그럴 생각이 없어 부모와 갈등이 심해진 경우였습니다. 결국 공부에 쏟아야 할 '양'을 정서적인 문제를 겪는 데 쓰느라 공부를 놓게 된 것입니다.

여기서 한 가지 구분해야 할 점이 있습니다. 공부를 잘하던 아이가 시험을 한 번 망친 경우와는 상황이 다릅니다. 시험을 망친 아이들은 그 문제만 해결하면 비교적 빠르게 원래 점수를 회복할 수 있습니다. 하지만 정서적인 문제로 인해 '일정 기간' 공부를 놓아 버린 아이들, 다시 말해 공부에 대한 '채무'를 지게 된 아이들은 회복하는 데 더 오랜 시간이 걸립니다.

예를 들어 부모는 의대 진학을 놓고 부모님과 갈등을 겪는 학생을 코칭한다면, 저는 가장 먼저 그 학생에게 맞는 시간 관리와 공부 전략을 함께 의논합니다. 실제로도 그렇게 도움을 준 적이 있습니다. 부모와의 갈등은 아이 혼자 달랜다고 해결될 문제가 아니며, 조율하려면 몇 달 이상의 시간이 필요하기 때문입니다.

하지만 아이가 저와 상의한 방식대로 공부해 보았을 때 효율이 높고 잘될 것 같다는 느낌을 받으면, 아이는 다시 '공부할 마음'을 갖게 됩니다. 원래 공부를 못하던 아이가 아니라 우등생이었던 경험이 있기 때문에 변화의 효과도 비교적 빨리 나타납니다. 실제로 그 학생 역시 '질로 하는 공부법'을 자신의 것으로 만들어야 그동안 놓친 공부를 따라잡을 수 있다는 제 의견에 동의했고, 성실하게 따라와 주었습니다.

초등학생과 달리 중·고등학생에게 공부는 현실적인 문제입니다. 이 문제가 먼저 해결되어야 비로소 마인드 컨트롤도 가능해집니다.

공부에 대한 채무에서 비롯된 감정이 부담에서 긍정으로 전환되어야 부모와의 갈등에도 여유가 생깁니다. 따라서 아이와 갈등을 겪고 있는 부모님이라면, 먼저 아이가 공부에 집중할 수 있는 환경을 만들어 주는 데 힘을 기울여 주시기 바랍니다.

그럼에도 좌절은 필요하다

*

그때 제가 면담한 그 아이들이 무슨 선택을 했든 다들 잘 성장했을 거라고 믿습니다. '그때라도 좌절을 해 봤던 경험'이 그 아이들 인생에 긍정적인 영향을 끼쳤을 거라고 확신하기 때문입니다. 가장 중요한 시기에 엎어졌으니 혀를 찰 수도 있지만 전 그렇게 생각하지 않습니다.

공부에 대한 좌절을 지뢰밭이라고 합니다. 아이가 이런 지뢰밭을 밟지 않고 무난하게 대학에 가서 사회에 진출하는 것을 많은 부모님이 바랄 겁니다. 하지만 아이에게 특별한 문제가 없다면 모를까, 만약 문제가 있음에도 터지지 않고 컨베이어 벨트가 데려다주는 곳으로 갔다면 그 아이는 다 커서 더 큰 좌절을 맛보게 됩니다.

과연 좌절을 한 번도 겪지 않고, 실패를 극복한 경험이 없는 아이들이 분초마다 달라지는 환경에 잘 적응하며 살아갈 수 있을까요?

부모님과 상담을 하다 보면 "우리 아이는 공부밖에 할 줄 아는 게 없어요. 의대 못 가면 고시라도 시켜야 해요"라며 아이 미래를 펜으로 고정하는 부모님들이 있습니다.

부모님도 아는 겁니다. 현재 아이에게 필요한 것이 공부를 잘하는 능력이고 그럭저럭 해내고 있으니 다행이지만, 한편으로는 사회가 요구하는 능력을 갖추기에는 아이가 약하다는 것을요.

그런 측면에서 하루라도 일찍 좌절을 경험하고 성장한 아이들은 등수가 떨어졌을 당시엔 아팠을지 몰라도 인생 전체를 놓고 보면 '쓴 약'을 미리 처방받은 셈입니다. 남들이 20대, 30대에 처방받는 약을 10대에 받았으니 약효가 얼마나 오래가겠습니까.

좌절은 아프지만 반드시 필요한 교육법입니다. 좌절을 해야만 바쁘게 가는 걸음을 멈추고 문제점을 들여다보고, 치유법을 고민하는 시간을 가질 수 있기 때문입니다. 혹시 아이가 느리게 가고 있다면, 또 한눈판 사이 공부할 타이밍을 놓쳐서 재수를 생각하고 있다면 아프게 생각하지 마시고 아이를 믿고 기다려 주시기 바랍니다.

제가 이런 이야기를 하면 공부 시기를 놓쳐 원하는 대학에 가지 못하면 아이의 삶이 더 힘들어지는 것 아니냐고 걱정하는 부모님들이 계십니다.

하지만 좌절은 아이에게 '생각하는 힘'을 길러 줍니다. 그래야 다시 일어설 수 있습니다. 생각해 본 적 없는 아이, 스스로 성찰해 본 적 없는 아이는 어디에 있든 한 번 넘어지면 크게 무너지고, 다시 일어나지 못합니다.

어쩌면 그것이야말로 더 위험한 일이 아닐까요?

공 부 는 멘 탈 이 다

· ○ ○

부모의 관심과 사랑은

아이에게 삶의 목적과 같습니다.

그 목적이 흔들리는 상황에서는

공부가 눈에 들어오지 않는 것이 자연스럽습니다.

아이의 감정 조절을 돕는다는 것은

아이 인생의 목적을 지켜 주는 것과 같습니다.

멘탈 관리의 법칙

- 왜 감정이 중요할까?

아이가 어릴수록
감정이 공부를 시킵니다

'공부를 잘하는 아이.'

아마 모든 부모님의 꿈은 자녀를 우등생으로 키우는 것일 겁니다. 그런데 과연 '공부를 잘한다'는 것은 무엇을 의미할까요?

지금까지 이런 질문을 받아본 적이 없는 부모님도 많을 겁니다. 하지만 이 질문에 대한 답을 부모가 명확히 알고 있어야 아이를 우등생으로 키울 수 있습니다.

먼저 공부를 잘하려면 말하기·읽기·쓰기와 같은 기본적인 언어 기능이 갖춰져야 합니다. 읽고 쓸 수 있어야 문제를 이해하고 답을 찾아낼 수 있기 때문입니다.

그다음으로는 수 감각, 단기 기억력, 정보 처리 속도와 같은 기초 인지 기능이 필요합니다. 무언가를 읽었다면 그 안에서 얻은 정보를 처리해야 비로소 머리에 남게 됩니다. 여기에 감정을 조절하는 능력도 중요합니다.

정리해 보면 공부를 잘한다는 것은 기초 인지 능력과 감정 조절 능력이 뛰어나다는 뜻입니다. 특히 기초 인지 능력이 갖춰지면 감정 조절 능력도 자연스럽게 따라온다는 점에서, 이 둘은 마치 바늘과 실 같은 관계라고 할 수 있습니다.

기초 인지 능력이 뛰어나 원하는 정보를 필요한 순간에 꺼내 쓸 수 있다면 얼마나 신이 나겠습니까? 당연히 공부에 대한 감정도 긍정적일 수밖에 없습니다. 앞에서 말씀드렸듯 공부가 잘될 때 더 하고 싶어지는 이유도 바로 여기에 있습니다.

문제는 공부하는 척만 하는 모범생

*

어른들은 아이들이 공부하기 싫어 해서 공부를 못한다고 생각하는 경향이 있습니다. 물론 공부가 재미없어서 하지 않는 경우도 있습니다. 하지만 실제로는 기분이 상해서 공부와 멀어지는 경우가 훨씬 많습니다.

이 둘은 분명히 다른 문제입니다. 공부가 재미없다는 것은 '공부를 잘할 수 있는 방법이 없다'는 데서 비롯됩니다. 반면 기분이 상해서 공부와 멀어지는 것은 감정을 다루는 힘, 즉 멘탈 관리에 어려움을 겪고 있기 때문입니다. 결국 공부의 문제인지, 감정의 문제인지에 따라 접근 방법도 달라져야 합니다.

게다가 아이들의 감정이 상하는 이유는 꼭 공부 때문만은 아닙니다. 친구 관계, 부모와의 갈등, 사소한 실패 경험 등 다양한 이유가 존재합니다. 그래서 부모님은 아이의 공부만 볼 것이 아니라 아이의 감정 상태와 멘탈을 함께 살펴봐야 합니다.

실제로 많은 초등학생과 중·고등학생들이 감정 기복이나 스트레스 때문에 공부에 어려움을 겪습니다. 미국의 한 조사에 따르면 학생 5명 중 1명은 감정 기복 때문에 학교생활과 친구 관계, 그리고 학습에서 심각한 어려움을 경험한다고 합니다. 만약 아이가 주의력이 약하거나 학습에 어려움이 있는 경우라면 그 영향은 더욱 커질 수밖에 없습니다.

중·고등학교에 가면 아예 학업과 거리를 두고 지내는 아이들이 생깁니다. 감정을 조절하는 힘이 약해지거나 정서적으로 안정될 수 있는 도움을 받지 못했기 때문입니다.

문제는 공부를 완전히 놓아버린 아이들은 겉으로 보기에 금방 티가 나지만, '공부하는 척'만 하는 아이들은 부모님이 쉽게 알아차리지 못한다는 점입니다.

수동적으로 공부하는 아이, 수업 시간 내내 멍하니 시간을 보내는 아이, 시험 기간에는 책상에 앉아 있지만 성적에 대한 욕심은 없는 아이들이 여기에 해당합니다. 이런 아이들과 대화해 보면 공통적으로 '회피'라는 방어기제를 자주 사용한다는 사실을 알 수 있습니다.

회피란 문제를 해결하지 않고 그대로 방치하는 것을 말합니다. 아이는 분명 학습 과정에서 어려움을 겪고 있습니다. 하지만 부모님이나 주변 사람에게 도움을 청해야 한다는 생각도, 방법도 떠오르지 않습니다. 그러니 아무 행동도 하지 못한 채 그 자리에 머무르게 되는 것입니다.

특히 초등학생들은 자신의 감정을 정확하게 표현하는 능력이 아직 충분히 발달하지 않았습니다. 그래서 속상함이나 답답함을 엉뚱한 행동으로 드러내거나, 하고 싶은 말을 하지 못한 채 머뭇거리다가 지나치는 경우가 많습니다.

공부가 무너진 게 아니라
마음이 흔들린 것

*

나영이 어머님이 클리닉을 찾은 이유는 당시 초등학교 5학년이었던 나영이 오빠의 공부 문제 때문이었습니다.

그러다 우연히 나영이와 직접 대화를 나눌 기회가 있었는데, 그때 나영이가 이렇게 말했습니다. "옆집 아이가 미워요. 걔만 없으면 책이 재밌을 것 같아요."

저는 약 10분 정도 나영이와 이야기를 나누었고, 그 과정에서 옆집 아이와의 관계가 나영이를 힘들게 하고 있다는 사실을 알게 되었습니다.

"옆집 아이가 자녀의 책 속을 휘젓고 다니네요."

"원장님 그게 무슨 말씀이세요?"

"따님이 옆집 아이에 대한 경쟁심이 심하다는 거 알고 계셨어요?"

"우리 나영이가요? 전혀 몰랐어요."

나영이 오빠에 대한 상담을 하던 중 자연스럽게 나영이 이야기도 나오게 되었고, 제 설명을 듣던 어머님은 꽤 놀라시는 눈치였습니다.

나영이는 엄마에 대한 의존도가 높은 아이였습니다. 그런데 어느 날 엄마가 옆집 아이를 예뻐하는 모습을 보게 된 겁니다. 그 일을 계기로 나영이는 '엄마는 나보다 옆집 아이를 더 좋아한다'고 생각하게 되었고, 그때부터 학습지나 학교 숙제를 건성으로 하기 시작했습니다. 자신이 서툰 모습을 보여야 엄마의 관심이 다시 자신에게 돌아올 것이라고 생각했던 거죠.

어떤가요? 아이의 공부가 예상치 못한 이유로 흔들릴 수도 있다는 사실이 조금 실감 나시나요.

다행히 나영이 어머님은 이 일을 가볍게 넘기시지 않았습니다. 나영이의 마음을 충분히 어루만져 준 덕분에 아이는 다시 예전의 모습으로 돌아올 수 있었습니다.

하지만 부모님들 중에는 이런 이야기를 들으면 "그게 무슨 말도 안 되는 이유냐"며 대수롭지 않게 넘기는 분들도 있습니다. 그러나 부모의 관심과 사랑은 아이에게 삶의 목적과 같습니다. 그 목적이 흔들리는 상황에서는 공부가 눈에 들어오지 않는 것이 자연스럽습니다.

아이에게는 삶의 중심이 되는 문제인데 부모에게는 티끌만 한 사건처럼 보일 수도 있습니다. 이 간극을 좁혀 주는 것이 제가 하는 일입니다. 아이의 감정 조절을 돕는다는 것은 아이 인생의 목적을 지켜 주는 것과 같습니다.

나영이의 이야기는 감정 조절과 공부가 얼마나 밀접하게 연결되어 있는지를 보여 주는 대표적인 사례라고 할 수 있습니다.

시험 불안증은 '머릿속 정전'이다

＊

무엇보다 감정 조절에 어려움을 겪는 아이들은 시험 불안증을 경험할 가능성이 높습니다.

감정 조절 능력은 공부에 필요한 뇌의 여러 기능에 두루 영향을 미칩니다. 실제로 여러 연구에서 감정 기복이 심할수록 주의력, 기억력, 전환 능력, 억제 능력, 전략 사용과 같은 고차원적 뇌 기능이 제대로 작동하지 않는다는 사실이 밝혀졌습니다. 이 모든 기능은 학습에 매우 중요한 요소입니다. 이러한 기능이 원활하게 작동하지 않으면 불안감이 높아지고, 결국 시험 불안증으로 이어질 수 있습니다.

사실 약간의 불안은 집중력과 자제력을 높여 주는 윤활유 역할을 합니다. 하지만 불안의 정도가 지나치면 머릿속에서 마치 정전이 일어난 것처럼 아는 문제도 풀지 못하게 됩니다.

시험을 보는 내내 답이 떠오르지 않다가 시험이 끝난 순간 '맞다, 답이 이거였지!' 하고 생각나는 경우가 있습니다. 시험 불안증을 겪는 아이들에게서 흔히 나타나는 증상입니다. 한 문제의 아쉬움이 크게 느껴지는 시험 상황에서 '머릿속 정전'만큼 학습자를 무력하게 만드는 일도 없습니다.

감정 조절의 실패 → 뇌의 기능 저하 → 불안 강화 → 시험 불안증

시험 불안증이 반복되지 않도록 하려면 불안 자체나 뇌 기능에만 집중할 것이 아니라, 그 출발점인 감정 조절에 먼저 관심을 기울여야 합니다.

설령 아직 아이가 시험 불안증을 경험할 만큼 성장하지 않았더라도 감정 조절의 중요성을 인식하고 미리 교육하는 것이 좋습니다. 감정 교육은 어릴 때 할수록 효과가 크기 때문입니다.

감정을 표현하는 아이로 키우는 법

*

저와 같은 정신과 의사뿐 아니라 심리학자나 교육 전문가들 역시 학생이 스스로 감정을 조절하는 능력이 공부를 잘하는 데 중요한 요소라고 오래전부터 강조해 왔습니다. 이러한 사실은 2007년 연구자 그로스Gross의 연구에서도 확인되었습니다. 그는 뇌 영상 촬영 기법을 통해 감정 조절 능력과 학습 능력의 관계를 분석했습니다.

연구에 따르면 감정을 잘 다루고 상황에 맞게 표현하는 학생일수록 선생님이나 친구들과의 의사소통 능력이 뛰어났습니다. 반대로 감정의 기복이 큰 학생들은 사회성뿐 아니라 정보를 받아들이는 능력과 문제 해결 능력에서도 낮은 수준을 보였습니다.

즉 감정 조절 능력은 학습에 필요한 인지 능력뿐 아니라 대인 관계에도 영향을 미칩니다. 그리고 아이들에게는 이 두 가지가 서로 맞물려 작용합니다. 인지 능력이 부족하면 '나는 바보라서 아무도 나를 좋아하지 않을 거야'라며 관계에 대한 자신감이 떨어지고, 반대로 교우 관계가 원만하지 않으면 '굳이 계속 잘하고 싶지 않다'는 마음이 생기면서 학습 동기가 약해지고 인지 능력도 함께 떨어지게 됩니다.

그래서 부모님들은 아이의 친구 문제가 곧 공부 문제와 연결될 수 있다는 인식을 가져야 합니다. 제가 부모님들께 교우 관계에 대해 아이와 꾸준히 대화를 나누라고 권하는 이유도 여기에 있습니다.

공부 문제 안에는 '친구'가 들어 있다

친구 문제 안에는 '공부'가 들어 있다

딱 이렇게만 정리를 해도 공부와 교우 관계, 두 마리 토끼를 잡을 수 있을 겁니다.

감정 조절에 능숙해지는 5단계

＊

도대체 감정 조절이란 게 무엇일까요? 우선 '감정'이란 어떤 사건이나 대상을 경험하고 나서 발생하는 기쁨, 분노, 슬픔, 즐거움을 말합니다. 또 상황에 맞게 감정을 선택하여 '알맞은 정도'로 구현하는 것을 '조절'이라고 합니다. 말이 어렵게 느껴지시나요? 그래서 조금 더 이해하기 쉽도록 '감정 조절의 5단계'를 통하여 설명해 나가겠습니다.

감정 조절을 잘하기 위해서는 다음 5단계를 활용할 수 있어야 합니다. 5단계로 갈수록 고난도의 방법이라는 것을 염두에 두고 살펴보겠습니다.

1단계: 상황 선택

자신이 현재 처한 상황을 이해하는 것을 말합니다. 옆집 아이에게 엄마의 관심을 빼앗겨 집중력이 흐려진 나영이 사례를 빌려 오겠습니다. 나영이는 엄마의 사랑을 옆집 아이에게 뺏길 수 있는 상황에 놓여 있다고 인지하였습니다.

2단계: 상황 조절

현 상황에 대해 생각하고 감정을 통제하는 방법을 찾는 단계입니다. 나영이는 여기서부터 문제가 발생한 겁니다. 아직 초등학교 저학년이다 보니 본인이 상황을 통제하고 해결 방안을 모색하는 일이 불가능할 수밖에요.

3단계: 주의 전환

마음속에서 생겨난 감정에서 벗어나는 것을 잘해야 합니다. 나영이는 엄마의 보살핌을 받음으로써 '우리 엄마는 나를 더 사랑하는구나'라는 안정감을 느끼게 되었고, 그 결과 불안감에서 벗어날 수 있었습니다.

4단계: 발상의 전환

현재 일어난 상황을 다른 관점에서 바라보는 능력입니다. 그래야 직면한 문제에 대한 감정도 달라질 수 있습니다. 저는 나영이 어머님에게 "옆집 아이는 어려서 엄마가 예뻐한 거예요. 우리 나영이도 6살 때 그 아이처럼 예뻤는데 그때의 나영이가 생각나서요"라는 말을 건네주라는 조언을 드렸습니다. 그때부터 나영이는 자신보다 어린아이와 만날 때면 엄마 손을 가져다 아이의 머리를 쓰다듬어 주는 행동을 했다고 합니다.

5단계: 반응 바꾸기

예전에 있었던 일이라도 내가 반응을 다르게 하면 결과가 달라지고, 결과가 달라지면 그 일에 대한 감정도 달라질 수 있습니다.

나영이가 보인 반응이 여기에 해당합니다. 이전에는 엄마가 다른 아이를 보살피면 상처를 받았지만, 이제는 엄마가 어린 동생들을 예뻐하는 모습을 보여도 '지금 우리 엄마는 어렸을 때의 나영이가 생각이 나서 저렇게 하는구나'라는 식으로 관점을 바꾸게 된 겁니다.

정리하면 감정 조절은 상황 선택, 상황 조절, 주의 전환, 발상의 전환, 반응 바꾸기 총 5단계로 이뤄진다고 할 수 있습니다. 이 단계들을 보면 무슨 생각이 드시나요?

'감정이 코끼리처럼 한 덩어리로 된 것이 아니구나'라는 생각이 들지 않나요? 5단계를 통해 감정 조절이 이뤄지는 만큼 적어도 다섯 번은 감정에 대해 생각을 해 주셔야 합니다.

'오늘 왜 이렇게 표정이 어두워?', '서운한 감정이 들면 엄마에게 사인을 보내줄래?', '네가 툭툭 치면 친구 기분이 어떨 것 같아?', '엄마가 보기에 선생님이 널 사랑해서 야단을 친 것 같은데!'라며 아이의 감정을 세밀하게 묻는 시간을 가져주는 것이 좋습니다.

자꾸 감정을 묻고 답하는 시간을 가져야 아이가 감정이 뭔지 알게 되고, 상황에 맞게 감정을 조절하는 힘이 생겨납니다. 또 그래야만 시험 불안증이나 주의력 결핍 등 공부에 대한 어려움을 겪을 때도 피하지 않고 '불편한 감정'을 내려놓을 수 있습니다. 감정을 잘 전달하는 것으로도 공부에 대한 어려움을 덜 수 있습니다.

인지가 감정보다
먼저 일어납니다

아이의 공부를 이야기하다 보면 많은 부모가 이렇게 말합니다. "우리 아이는 감정 기복이 심해서 공부가 잘 안 되는 것 같아요."

틀린 말은 아닙니다. 실제로 감정은 공부에 큰 영향을 미칩니다. 하지만 여기에서 한 가지 중요한 질문이 생깁니다. 감정은 어디에서 시작될까요?

많은 사람은 슬픔이나 기쁨 같은 감정이 먼저 생기고, 그다음에 생각이 따라온다고 믿습니다. 그러나 심리학에서는 조금 다른 설명을 합니다. 우리가 어떤 상황을 어떻게 해석하느냐, 즉 인지가 먼저 일어나고 그 결과로 감정이 생긴다는 것입니다. 이 원리를 이해하면 아이의 공부와 감정을 바라보는 시선도 달라집니다.

인지와 감정의 인과관계

＊

감정은 단층이 아니라 여러 층으로 이루어져 있으며, 순차적으로 조절된다는 사실을 앞에서 살펴보았습니다. 이제 조금 더 학문적인 관점에서 이어 가 보겠습니다.

다음은 이훈구 교수의 저서 《정서심리학》에 소개된 미국의 심리학자 라자러스Lazarus의 인지 평가 이론을 학습 상황에 맞게 정리한 표입니다.

라자러스는 기쁨, 희망, 분노, 두려움 등을 '정서'라고 불렀습니다. 정서, 감정, 기분은 혼용되고 있는데, 이 셋을 구분하고 정의하는 일은 학자들에게 맡기기로 하고, 필요한 내용만 차용해 보겠습니다. 저는 '정서' 대신 '감정'으로 대체하여 사용하겠습니다.

라자러스의 인지 평가 이론(부모의 관점에서)		
인지 내용	책임 귀인	정서(감정)
'요즘 집중을 잘하네', '성적이 올랐어'	자신	기쁨
'원하는 성적은 아니지만 노력하면 될 것 같아' '새로운 학원을 다니기 시작했으니 기대를 걸어 봐야지'	자신	희망
'목표한 만큼 성적이 안 나왔네' '이 점수로 특목고는 힘든데' '성적이 너무 떨어졌어'	타인	분노
	자신	수치심
'도대체 뭐가 문제지?' '과외까지 시켰는데 왜 제자리걸음일까?' '수학은 점수 올리기가 진짜 힘드네'	명확한 이유 존재	두려움
	명확한 이유 모름	염려

라자러스의 인지 평가 이론(아이의 관점에서)		
인지 내용	책임 귀인	정서(감정)
'공부가 잘되네', '성적이 올랐어'	자신	기쁨
'원하는 성적은 아니지만 노력하면 될 것 같아'	자신	희망
'생각만큼 진도가 안 나가네.' '성적이 너무 떨어졌네'	타인	분노
	자신	수치심
'도대체 뭐가 문제지?' '열심히 했는데 왜 제자리걸음인 걸까' '나는 왜 시험에 약한 걸까' '수학은 점수 올리기가 진짜 힘드네'	명확한 이유 존재	두려움
	명확한 이유 모름	염려

라자러스가 주창한 인지 평가 이론의 핵심은 "인지가 감정보다 먼저 일어난다"는 겁니다. 이는 '슬프다', '기쁘다'와 같은 감정이 먼저 생겨난다는 통념과 반대되는 주장입니다.

예를 들면 내 아이가 옆집 아이보다 학습 역량이 떨어졌을 때 많은 부모님이 불안감을 느낍니다. 이때 불안이라는 감정은 옆집 아이와 내 아이를 비교한 인지가 만든 결과입니다. 그냥 '옆집 아이가 똑똑하구나!'라고 생각하고 비교하지 않았다면 불안은 찾아오지 않았을 겁니다.

또 아이가 문제집을 풀겠다고 약속해 놓고 지키지 않았을 때 어머님들은 화가 납니다. 왜 그럴까요? 깨끗한 문제집에 대한 책임이 아이에게 있다고 생각하기 때문입니다.

"아까 엄마랑 여기까지 풀겠다고 약속했어, 안 했어?"라는 잔소리가 나오는 것도 이러한 배경에서입니다. 라자러스는 '책임을 누구에게 돌리느냐'에 따라 분노나 수치심 같은 감정이 생긴다며 책임 귀인을 감정 변화를 일으키는 중요한 단서로 봤습니다.

공부 감정도 인지에서 시작된다

*

제가 공부는 잘될 때 하고 싶어진다고 말씀드렸던 것도 라자러스의 인지 평가 이론에 근거한 주장입니다. 문제가 잘 풀리거나 공부가 재미있어서 집중이 잘 될 때의 뿌듯함, 기쁨은 아이 스스로 공부가 잘되고 있다는 평가가 끝난 후에 생겨나는 감정입니다.

여기에서 우리가 유추할 수 있는 사실은 아이가 공부에 좋은 감정을 갖게 하기 위해서라도 현실적인 문제를 해결해 줘야 한다는 점입니다. 즉, 인지(학습 방법, 다양한 정보력, 공부 환경)가 감정(공부에 대한 즐거움, 자발성)보다 먼저인 겁니다.

예술만 아는 만큼 보이는 것이 아닙니다. 감정도 마찬가지입니다. 저도 그렇고 많은 부모님이 감정에 대해 배운 적이 없으니 무지한 것도 당연합니다. 설령 안다고 해도, 아이가 집중하지 못하는 모습을 보면 이유를 살피기보다 먼저 '욱'하는 감정이 올라오는 것도 무리는 아닙니다. 그래도 감정이 자녀의 공부에 어떻게 작용하는지, 열심히 집중하는데도 성적이 오르지 않는 아이의 심정이 어떨지를 헤아리기 위해서라도 감정에 대해 공부해 두는 것이 좋습니다. 결국 이런 이해가 아이의 멘탈 관리로 이어지기 때문입니다.

아이나 어른 할 것 없이 노력 대비 결과가 나오지 않으면 자신감이 사라지면서 두려움에 사로잡힙니다. 성적이 답보 상태에 있는 이유라도 알면 거기에서 답을 찾으면 되는데, 대개 이유가 명확하지 않을 때 두려움을 느낍니다. 이유를 모른다는 것은 해결 방법을 찾지 못한다는 뜻입니다.

바로 이때 부모가 아이의 공부 상황에 적절히 개입해 방향을 함께 찾아주는 것이 필요합니다. 그런 타이밍을 알아차리기 위해서라도 감정에 대한 이해를 갖추는 것이 중요합니다.

감정 조절에
능숙한 아이로 키우는 법

"칭찬은 고래도 춤추게 한다"라는 말이 여기저기서 들리던 때가 있었습니다. 동명의 책도 있었죠. 그런데 저는 그때는 지금이나 이 표현이 주는 영향이 조금 우려스럽습니다. 칭찬은 평가를 내포하고 있어 아이의 자기 주도성을 해칠 우려가 있기 때문입니다. 아닌 게 아니라, 미국에서는 '칭찬 중독'이라는 말도 나왔습니다.

과연 어떻게 칭찬하는 것이 올바른 것일까요? 저는 '칭찬'보다 '격려'라는 용어 사용을 권하고 싶습니다. 칭찬이 결과에 대한 반응이라면, 격려는 과정에 대한 인정이자 공감과 수용을 포함하기 때문입니다.

격려는 긍정적인 시각을 내포하면서 칭찬보다 구체적인 내용이 담기므로 듣는 사람이 용기를 가질 수 있도록 도와줍니다.

지금부터는 감정 조절에 능숙해지는 멘탈 코칭에 관해 이야기해 보겠습니다.

순서가 발생하는 어른과 아이의 공감법

*

공감이라는 말은 원래 미술 이론에서 유래한 개념이라고 합니다. 사람이 왜 다른 사람이 만든 예술 작품을 보고 감동을 느끼는가에 대한 질문에서 출발했는데, 그 이유를 '작가의 마음에 공감하기 때문'이라고 설명한 데서 비롯되었습니다.

이 공감 능력은 자녀의 학습을 함께하는 부모에게도 매우 중요합니다. 공감한다는 것은 아이가 이룬 성취를 알아봐 주고, 아이의 강점과 약점, 용기와 도전을 이해하려는 태도를 의미합니다. 다시 말해 아이의 감정을 함께 느끼고 받아들이는 일입니다. 아이의 노력을 진심으로 지지하고 그 과정을 인정해 주려면 먼저 아이의 관점에서 상황을 바라볼 수 있어야 합니다. 그리고 아이가 이야기를 들을 준비가 되었을 때 대화를 시작하는 것이 좋습니다.

사실 부모님들도 이런 이야기를 한 번쯤은 들어 보셨을 겁니다. 문제는 알면서도 실생활에 잘 적용되지 않는다는 데 있습니다.

아무리 훌륭한 명언을 들어도 그 순간 감동하고 끝나는 경우가 많습니다. 그 말이 내 것이 되는 과정을 거치지 않았기 때문입니다. 저는 이를 '2차 공정'이라고 부릅니다. 들은 내용을 내 문제로 가져와 내 언어로 다시 해석하는 과정입니다.

지난 10년 동안 소그룹 강의든 개인 상담이든 다양한 자리에서 수천 명에 가까운 어머님들을 만나 왔습니다. 그 과정에서 종종 이런 생각을 하곤 했습니다. '이론은 저보다 더 잘 아시는데, 그 지식이 메모장 안에만 머물러 있어서 다시 저를 찾아오셨구나.'

그래서 어머님들이 이해하기 쉽도록, 이제 '공감'이라는 말을 조금 더 구체적으로 풀어 보려고 합니다.

어른들 사이에서 공감은 거의 동시에 마음의 맞장구를

쳐 주는 일에 가깝습니다. 상대의 말을 듣고 비슷한 속도로 감정이 오가며 반응이 이어집니다. 여기서 중요한 것은 '동시성'입니다.

하지만 한 사람이 어른이고 다른 한 사람이 아이라면 공감에는 자연스럽게 순서가 생깁니다. 먼저 반응해야 하는 쪽은 어른입니다. 어른이 먼저 아이의 감정을 받아 주고 어루만져 줄 때, 아이는 비로소 '대화를 해도 되겠다'는 마음의 준비를 하게 됩니다. 그래서 부모에게는 기다림과 인내, 그리고 감정을 다스리는 자제력이 필요합니다. 생각보다 많은 부모님이 이 순서를 놓치고 있습니다.

부모와 자녀 사이에서는 애초에 동시성이 성립하기 어렵습니다. 잘 생각해 보면 부모는 이미 삶의 터를 닦은 뒤 아이를 낳습니다. 그러니 부모와 아이 사이에는 보통 20~30년의 시간 차이가 존재합니다.

이 '30년의 격차'를 인정하는 것만으로도 공감은 훨씬 쉬워집니다. 부모와 아이가 같은 속도로 생각하고 같은 방식으로 반응하기를 기대하기보다, 부모가 먼저 한 걸음 다가가는 것이 공감의 출발점이기 때문입니다.

나를 받아들이는 용기, 수용

*

부모 입장에서 가장 힘든 일이 뭘까요?

바로 내가 낳은 아이의 약점과 불완전함, 그리고 실패를 있는 그대로 직면하고 인정하는 일입니다. 부모의 마음은 늘 아이가 잘되기를 바라기 때문에 부족한 모습이 보이면 외면하거나 고치려는 마음이 먼저 앞서기 쉽습니다.

하지만 아이의 성장을 위해서는 부모가 먼저 아이의 약점을 알고도 받아들인다는 사실을 보여 줄 필요가 있습니다. 부모님이 "그래도 괜찮다", "그럴 수도 있다"는 태도를 보일 때 아이의 마음속에는 자기애라는 뿌리가 단단하게 자리 잡기 시작합니다.

이와 함께 모든 사람에게는 약점이 있고, 누구나 실패를 경험하며 살아간다는 사실을 알려 주는 것도 중요합니다. 실패가 특별한 일이 아니라 성장 과정에서 누구나 겪는 자연스러운 경험이라는 것을 이해하면 아이는 자신의 부족한 부분을 숨기거나 부정하려 하지 않습니다.

자신의 약점을 있는 그대로 받아들이게 되면, 아이는 오히려 그것을 극복하기 위한 행동을 훨씬 수월하게 시작할 수 있습니다.

엄마와 아이 둘의 언어, 격려

*

'격려'란 부모가 자녀의 능력을 믿고 있다는 사실을 전달하는 말입니다. 단어를 가만히 음미해 보면 아이의 기를 북돋아 주는 느낌이 있습니다. 실제로 언어에는 사람의 마음을 움직이는 힘이 있습니다.

한자도 그 의미를 잘 보여 줍니다. '격려'는 '격할 격激'과 '힘쓸 려勵'가 합쳐진 말입니다. 아이가 힘써 노력하도록 북돋아 준다는 뜻이 담겨 있습니다. 부모가 아이의 노력과 가능성을 끌어올려 주는 말이 바로 격려입니다.

저는 그동안 상담을 하며 격려를 통해 아이의 실력이 자라는 사례를 많이 보았습니다. 그래서 '격려 효과'가 분명히 존재한다고 믿습니다. 마음 같아서는 부모님들을 제 클리닉으로 모두 초대해 아이들이 어떻게 달라지는지 직접 보여 드리고 싶을 정도입니다.

"네가 얼마나 잘하고 싶어 하는지 알고 있어", "네가 얼마나 노력하고 있는지도 알고 있어" 이런 메시지를 부모님이 아이에게 전해 줄 필요가 있습니다.

아이들은 부모님이 자신의 마음과 노력을 알아줄 때 안정감을 느끼고 과제 수행 능력도 좋아집니다. 반대로 부모님이 자신을 믿지 않는다고 생각하는 순간, 말을 듣지 않으려 합니다. 집에서는 귀를 닫고 살다가 학원 선생님이나 과외 선생님의 말은 잘 듣는 경우도 많은데, 부모님이 내 편이라는 확신이 없기 때문입니다.

그렇다면 격려의 힘은 어디에서 나오는 걸까요? 우선 앞서 말했던 칭찬과 격려의 구체적인 차이점부터 살펴보겠습니다.

칭찬은 보통 '결과'에 대한 평가입니다. "잘했어", "역시 똑똑해", "넌 누굴 닮아서 못하는 게 없니?"처럼 해 줄 수 있는 말이 한정적입니다. 아이가 그 성적을 받기 위해 얼마나 오래 노력했든, 결과가 나온 순간 한 번의 평가로 끝납니다.

특히 칭찬의 치명적인 단점은 대개 어른의 관점에서, 어른의 언어로 내리는 평가라는 데 있습니다.

반면 격려는 '과정'에 주목합니다. 그래서 격려는 칭찬과 달리, 부모와 아이가 함께 만들어 가는 언어입니다.

예를 들면 "영어 단어 외우려고 스스로 단어장을 만들었구나. 어떻게 그런 생각을 했니?", "오늘은 30분이나 집중해서 책을 봤네. 어제보다 10분 더 늘었구나" 이런 말이 격려입니다.

겉으로는 부모의 말처럼 보이지만, 그 중심에는 아이의

노력과 변화가 놓여 있습니다. 그래서 격려는 부모와 아이가 함께 만들어 가는 언어라고 할 수 있습니다.

이러한 격려를 꾸준히 듣는 아이들은 자신의 능력을 믿게 되고, 공부가 잘 풀리지 않을 때도 쉽게 포기하지 않습니다. 다시 말해 끈질기게 시도하는 '과제 집착력'을 키우게 됩니다.

또한 결과가 좋지 않더라도 노력하는 과정 자체가 중요하다는 사실을 자연스럽게 배우게 됩니다. 이것이 격려가 지닌 가장 큰 힘입니다.

아이의 노력을 살려주는 말, 긍정적 표현

＊

부모의 지속적인 믿음을 경험한 아이는 자신의 약점이나 현재 위치에 쉽게 굴하지 않습니다. 오히려 앞으로 나아가기 위해 꾸준히 도전하려는 태도를 갖게 됩니다.

상담을 하다 보면 종종 냉소적인 태도를 보이는 부모님들을 만나게 됩니다. 그런데 가만히 살펴보면 이분들이 원래 냉정한 사람이어서라기보다, 마음을 표현하는 데 서툴러

무뚝뚝한 부모가 된 경우가 많습니다. 특히 아이 앞에서조차 쑥스러움을 느끼는 부모님들도 적지 않습니다.

이럴 때는 거창한 것부터 시작하지 않아도 됩니다. 하루에 몇 번 시간을 정해 놓고 아이에게 긍정적인 표현을 건네는 연습을 해 보는 것이 좋습니다. 만약 이것도 어렵다면 최소한 나쁜 방식의 대화, 즉 아이의 노력을 단순하게 '툭' 쳐 버리는 방식의 대화만 줄여도 관계는 훨씬 좋아질 수 있습니다.

예를 들어 아이가 글짓기 숙제를 해 왔을 때 단순히 "잘했어"라고 말하는 것보다 "시냇물 소리를 표현한 이 부분이 참 인상적인데?", "지난 1년 동안 읽은 이야기 중에서 가장 재미있게 읽었어"처럼 단순한 평가보다 구체적으로 말해 주는 편이 좋습니다.

아이가 그림을 보여 줄 때도 마찬가지입니다. "정말 잘 그렸다"라는 평가보다 "색깔이 아주 화려한데?" 같은 표현이 더 좋습니다.

또한 "난 네가 자랑스러워"처럼 부모의 감정만을 앞세우는 말보다는 "정말 열심히 했구나. 너도 뿌듯하지 않니?"처럼 아이가 느끼는 감정에 주목하는 말이 좋습니다.

반대로 "이번 시험 잘 봤으니 게임팩 사줄게"와 같은 표현은 부모의 통제력을 강조하는 방식이기 때문에 가능하면 피하는 것을 권합니다.

물론 이런 원칙을 완벽하게 지키며 대화하기는 쉽지 않습니다. 하지만 내가 어떤 방식으로 말하고 있는지를 인식하는 것만으로도 부모는 스스로 대화의 빈도와 방향을 조절할 수 있습니다.

이렇게 부모와 아이 사이에 건강한 감정의 관계가 만들어지면, 그 위에 양보다 질을 중요시하는 공부 습관을 길러 줄 수 있습니다. 그리고 그때 비로소 아이의 잠재력이 서서히 수면 위로 드러나기 시작합니다.

잔소리 없이도 스스로 공부하는 아이의 비밀

스탠퍼드 대학의 교수인 앨버트 반두라Alvert Bandura는 '학업적 자기 효능감Academic Self Efficacy'이라는 개념을 만들었습니다. 이는 아이가 학습 능력에 대해 갖는 신념 혹은 자신감으로, 이것이 높을수록 학습 동기도 높게 나타납니다. 그 결과 난이도 있는 과제에 도전하거나 과제 집착력이 강해져 학업을 쉽게 중단하지 않게 됩니다.

어떤가요? 부모님들이 원하는 모습 아닌가요? 이러한 선순환 구조(학습에 대한 자신감 → 학습 동기 향상)를 만들기 위해서는 집에서 조금만 주의를 기울여 주면 됩니다.

도전 욕구 vs 의욕 상실을 파악하는 5가지 기준

*

학업적 자기 효능감을 설명할 때 학습 난이도는 중요한 변수로 작용합니다. 자기 효능감이 높은 아이들은 어려운 과제에도 흥미를 보이고 도전하려 하지만, 낮은 아이들은 도전 자체를 부담스러워합니다. 따라서 아이가 어느 수준에서 도전 의식을 보이고, 어느 지점에서 의욕을 잃는지를 파악하는 것이 중요합니다.

그럼 아이에게 적절한 수준이 어느 정도인지 알아보려면 어떻게 하는 것이 좋을까요?

전문 기관에서 지능 검사나 인지 검사 등을 받아 보면 가장 정확하지만, 가정에서 다음 5가지 기준을 살펴보는 것만으로도 도움을 받을 수 있습니다.

① 집중력 체크

얼마나 집중할 수 있는지, 한번 앉으면 얼마나 오랜 시간 앉아 있는지 살펴보세요. 제 생각으로는 적어도 2주 정도는 관찰하여 기록하고 평균을 내는 것이 바람직합니다.

② 교과 과정 학습 능력 확인

현재 교과 과정을 따라가는 데 기본적인 능력에서 무리가 없는지 확인해야 합니다. 이를테면 받아쓰기하는 데 글씨를 느리게 쓰는 것은 아닌지, 독후감 숙제가 많은데 읽기 속도가 느리거나 철자를 서툴게 읽는 건 아닌지 점검해 봐야 합니다.

③ 학교 숙제의 양 판단

한 과목당 숙제를 다 합쳐 보면 꽤 양이 많을 때가 있습니다. 부모님들이 선생님께 지적받기 싫으면 숙제는 무조건 다 해 가야 한다며 아이를 몰아붙이는 건 바람직하지 않습니다. 아이가 어느 정도 선에서 버거워하는지를 파악하고 적절한 방법을 찾아봐야 합니다.

④ 관심사 파악

아이가 어떤 쪽에서 동기 부여가 잘 되는지 관심사를 파악해 보세요. 숙제는 간단하게 할 수 있는 것도 있지만, 대개는 지루하거나 어렵게 느껴지는 부분이 있습니다. 이럴 때 동기 부여를 하거나 보상을 주려면 아이가 무엇에 반응하는지 알아야 합니다.

⑤ 감정 조절 능력 판단

아이가 감정 조절을 얼마나 잘하는지 판단해 보세요. 아이가 숙제나 공부가 어렵다고 말할 때 어떻게 행동하면서 이기려고 하는지 보셔야 합니다. 이것을 '역경 지수'라고 하는데, 역경 지수가 높은 아이들은 자기 주도적인 아이로 자랄 가능성이 큽니다. 만약 아이의 역경 지수가 낮다면 좌절하지 않도록 과제의 난이도를 조율하는 것이 바람직합니다.

학습 동기를 높이는 6가지 방법

*

그렇다면 부모님이 집에서 무엇을 해 줄 수 있을까요? 아이의 학습 동기를 높이기 위해 실천해 볼 수 있는 방법들을 소개하겠습니다.

① 성공한 경험 점검하기

고기도 먹어본 사람이 맛을 안다고 이전에 잘한 경험이 있어야 그걸 밑천 삼아 앞으로 밀고 나갈 수 있습니다. 그래서 격려의 힘이 중요합니다. 아이가 꼭 100점을 맞거나 큰 성과를 냈을 때만 격려하기보다 '작은 성취'를 계속해서 이

룰 수 있도록 옆에서 도움을 주는 것이 좋습니다.

성공의 정의를 아이와 함께 내리는 시간을 가져보세요.
우리는 대개 시험 점수나 등수를 목표로 잡습니다. 목표를 실현하면 성공, 이루지 못하면 실패로 간주합니다. 이는 이분법적 사고에 불과합니다.

어떻게 성공의 정의를 설정하는 것이 좋을까요? 점수나 등수를 목표로 잡기보다 그것을 이루기 위해 아이가 무엇을 견뎠으며 또 이겨냈는지 즉 '과정과 단계'에 의미 부여하는 것이 좋습니다. 만약 90점을 받고 싶어서 매일 3시간씩 공부하는 것을 목표로 잡고 그것을 지켰다면, 결과가 88점이라도 아이는 목표를 달성한 것이 됩니다.

② 실패한 경험 점검하기

스스로 생각했을 때 시험을 잘 본 것 같은데 성적이 기대에 미치지 못하면 아이는 크게 실망합니다. 이런 경험이 반복되면 '열심히 해도 소용없다'는 생각이 들면서 더는 노력하고 싶지 않아집니다. 상실감을 다시 겪고 싶지 않기 때문에 아예 시도 자체를 줄여 버리는 것입니다. 이것이 특정 과목에 대한 시험 불안으로 이어지기도 합니다.

이런 모습을 보이는 아이들에게는 한 가지 공통점이 있

습니다. 대부분 예상보다 점수가 잘 나온 경험이 있다는 점입니다. 예를 들어 과학 점수를 70점 정도로 예상했는데 80점을 받은 경우입니다. 이런 경험이 생기면 아이는 그 점수대를 유지하기 위해 더 노력합니다. 하지만 이후에 노력한 만큼 결과가 나오지 않으면 실패의 충격이 더 크게 느껴져 그 과목에 마음의 문을 닫게 됩니다.

시험을 본 뒤에는 결과를 그냥 넘기지 말고 함께 점검하는 시간이 필요합니다. 많은 아이가 성적이 좋지 않은 과목만 떠올리지만, 오히려 점수가 오른 과목을 먼저 살펴보는 것이 도움이 됩니다. "어떻게 준비했기에 점수가 올랐을까?"를 함께 생각해 보는 것입니다.

자신이 왜 좋은 결과를 얻었는지 분석하지 않으면 같은 전략을 다시 활용하기 어렵습니다. 이렇게 찾은 전략을 실패 경험에 적용하면 다음 학습에서도 같은 실수를 줄일 수 있습니다.

③ 자기 신뢰 끌어올려 주기

아이가 자기 자신을 어떻게 바라보는가, 즉 '자기 신뢰'는 매우 중요합니다. 의외로 노력도 많이 하고 성취 경험도 있는 아이들 가운데 자신을 긍정적으로 보지 못하고 '나는 못할 거야'라고 믿는 경우가 적지 않습니다. 아이의 실제 능력이나 경험도 중요하지만, 스스로를 어떻게 바라보느냐가 더 큰 영향을 미치는 이유가 여기에 있습니다. 저는 이런 아이들을 흔히 '밑 빠진 독에 물 붓기 유형'이라고 표현합니다. 아무리 좋은 말이나 경험을 채워 넣어도 자신에 대한 부정적인 인식이 쉽게 바뀌지 않기 때문입니다.

아이의 능력이나 성취를 냉소적으로 평가하는 부모도 적지 않습니다. 하지만 아이가 자신을 긍정적으로 바라보기 위해서는 부모의 격려가 무엇보다 중요합니다. 자신을 믿지 못하는 아이들 가운데는 우울한 감정에 힘들어하는 경우도 많습니다. 우울감이 깊어지면 두뇌의 활동도 둔해집니다. 그래서 부모는 아이의 정서 상태에 꾸준히 관심을 기울이고 살펴볼 필요가 있습니다.

한 가지 방법으로 '자기 성공 예언문'을 만들어 보는 것도 좋습니다. 짧지만 마음에 와 닿는 문장, 스스로를 믿고 앞으로 나아가게 만드는 말을 정해 보는 것입니다.

이승엽 선수는 일본에 진출했을 때 모자에 "진정한 노력은 배신하지 않는다"라는 문구를 새겨 넣었다고 합니다. 박지성 선수 역시 경기를 앞두고 "22명의 선수 중 내가 최고다"라고 스스로에게 말하곤 했다고 합니다. 이런 말들이 자기 선언문의 좋은 예입니다.

우리 아이들은 어떨까요? 오히려 반대로 자기 패배적인 선언을 하는 경우가 많지 않습니까? 저는 아이들에게야말로 어느 정도 근거 없는 자신감, 이른바 '근자감'이 필요하다고 생각합니다. 아직 배워야 할 것이 많은 아이들에게 이런 자신감은 뒤로 물러서지 않고 계속 도전하게 만드는 힘이 되기 때문입니다.

④ 아이 유형 파악하기

아이가 즐거움을 추구하는 아이인지 완벽함을 추구하는 아이인지 잘 관찰해 보세요. 즐거움을 추구하는 아이는 재미가 없으면 학습 동기가 생기지 않습니다. 이런 아이는 미래에 오는 즐거움이 매우 커야 현재의 즐거움을 포기할 수 있습니다. 따라서 더 많은 격려와 보상을 줘야 합니다.

완벽함을 추구하는 아이인 경우, 수행 결과가 우수하더라도 좀처럼 즐거움을 느끼지 못합니다. 자신이 완벽하게 하지 못할 것에 대한 두려움이 크기 때문에 지금의 성과에 기뻐할 여력이 없습니다. 이러한 증상이 심해지면 공부에서 도망침으로써 스트레스 자체를 피하려고 할 수 있으니 곁에서 아이를 잘 지켜봐 주셔야 합니다.

완벽주의 성향이 강한 아이일수록 '실수의 가치'를 깨닫게 해 주는 것이 중요합니다. 대부분의 아이는 실패를 두려워합니다. 아직 실패가 성공으로 가는 과정의 일부라는 사실을 충분히 이해하기 어려운 나이이기 때문입니다.

그래서 완벽주의 아이를 둔 부모일수록 역경을 극복하며 이루어 낸 성과가 얼마나 값진 것인지 이야기해 줄 필요가 있습니다. 부모가 그렇게 숨통을 틔워 주어야 아이도 마음을 내려놓고 기댈 수 있는 곳을 갖게 됩니다.

⑤ 고집쟁이 다루기

부모의 통제가 심하지 않아도 선천적으로 자신의 방식대로 해야 직성이 풀리는 아이들이 있습니다. 이런 유형의 아이들은 공부에서도 주도권을 스스로 쥐고 싶어 하기 때문에 부모를 무척 힘들게 합니다. 무작정 칭찬한다고 해서 움직이는 것도 아니고, 장난감이나 보상으로 유도해도 잠깐뿐 지속성이 떨어지는 경우가 많습니다. 이런 고집 센 아이들에게는 공부에 참여할 수 있는 기회를 열어 주는 방법이 효과적입니다.

배우는 과정에서 아이가 결정할 수 있는 부분을 남겨 주세요. 저는 이것을 '소인분 남겨 두기'라고 부릅니다. 아이에게 작은 몫의 결정권을 주는 것입니다. 모든 것을 정해 놓고 따라 하게 하는 방식보다 아이가 직접 선택할 수 있는 여지가 있을 때 관심과 몰입이 훨씬 커집니다. 아이 입장에서는 그 부분이 자신의 의지로 선택한 일이기 때문에 자연스럽게 적극적인 태도를 보이게 됩니다.

⑥ 가정 문제 확인하기

아이가 갑자기 집중력이 떨어졌을 때 제가 가장 먼저 살피는 것이 바로 '가정사'입니다. 많은 아이가 부모에게 인정받고 싶은 마음으로 공부를 합니다. 그런데 가정에 문제가 생기면 그 동기가 흔들리면서 공부에 집중하기 어려워집니다.

여기서 한 가지 짚고 넘어갈 점이 있습니다. '가정사'라고 하면 흔히 부부 갈등이나 경제적 어려움, 가족의 건강 문제 같은 큰 사건만 떠올리기 쉽습니다. 하지만 가정사는 말 그대로 가족이 함께 만들어 가는 역사입니다. 이 안에는 부모와 자녀 사이의 갈등 역시 포함됩니다.

특히 아이에게 가장 힘든 가정사는 성적에 집착하는 부모와의 갈등입니다. 공부를 잘해야 한다는 압박을 계속 받는 상황이 아이에겐 큰 부담으로 느껴질 수 있습니다.

이러한 경우 저는 아이의 주도성을 끌어낼 수 있는 '넛

지 대화법'을 권합니다.

'넛지 대화'란 아이에게 무엇을 해야 하는지 직접 지시하기보다는, 필요한 정보를 은근히 던져 아이가 스스로 선택하고 행동하도록 돕는 대화 방식입니다.

예를 들어 성적 문제로 부모와 아이 사이에 갈등이 생겼다고 가정해 보겠습니다.

"성적이 왜 이 모양이야. 공부 좀 더 해야지."

↓

"요즘 수학 어려워 보이던데, 어떤 부분이 제일 힘들어?"

"당장 게임 그만하고 공부해."

↓

"내일 과학 시험이라며, 한 시간 후에 엄마가 도와줄까?"

어떤가요? 어머님이 보시기에도 전자보다 후자가 더 많은 정보를 담고 있을 뿐 아니라, 아이 입장에서는 대화를 이어 갈 여지를 주는 표현으로 들리지 않나요? 물론 말의 내용도 중요하지만, 그 말을 전할 때의 표정이나 목소리 같은 비언어적 요소 역시 큰 영향을 미칩니다.

이런 대화 방식은 가정 내 갈등 상황뿐 아니라 일상적인 학습 지도에도 충분히 활용할 수 있습니다.

이처럼 선택의 여지를 남겨 주면 아이는 자신이 결정했다는 느낌을 받게 되고, 자연스럽게 공부에 대한 주도성을 갖게 됩니다.

사실 부모의 입장에서 아이가 숙제를 미루고 있는 상황에서 여유 있게 대응하기는 쉽지 않습니다. 그럼에도 아이에게 긍정적인 암시를 주거나 과거의 성공 경험을 떠올리게 하는 방식으로 접근해 보면 충분히 시도해 볼 만합니다.

동기 부여만으로도 책 한 권을 쓸 수 있을 만큼 이야기할 것이 많고, 그만큼 어려운 주제이기도 합니다. 하지만 이런 방향을 잡고 꾸준히 실천한다면 아이의 학습 동기는 물론 학업적 자기 효능감도 함께 높일 수 있습니다.

공 부 는 멘 탈 이 다

• ○ •

자기 주도 학습이란

아이에게 맞는 학습법을 적용함으로써

공부에 대한 유능감이 생겨나는 것을 말합니다.

유능감이란 주어진 과제를 잘 수행할 수 있겠다는

자신감의 다른 이름으로,

공부에 대한 내적 동기를 향상해 줍니다.

유능감의 법칙

- 공부는 잘될 때 더 붙들고 싶다

숲만 보는 아이
나무만 보는 아이

많은 부모님이 억지로 시키지 않아도 아이가 스스로 공부하는 모습을 '자기 주도 학습'이라고 생각합니다. 그러나 그것은 부모님의 바람에 가까울 뿐, 자기 주도 학습의 정확한 정의는 아닙니다.

아이 스스로 공부를 잘하는 상태는 자기 주도 학습의 목표에 가깝습니다. 목표와 개념을 구분하지 않으면, 아이가 책상에 오래 앉아 있지 않은 모습만 보고 '우리 아이는 자기 주도 학습이 안 된다'고 단정하기 쉽습니다. 그렇다면 자기 주도 학습이란 무엇일까요?

자기 주도 학습이란 아이에게 맞는 학습 방법을 적용함으로써 공부에 대한 유능감이 생겨나는 상태를 말합니다. 유능감이란 '주어진 과제를 잘 해낼 수 있겠다'는 자신감으로, 공부에 대한 내적 동기를 높여 주는 중요한 요소입니다.

물론 아이에게 맞는 학습법이 하루아침에 만들어지는 것은 아닙니다. 아이의 유형을 정확히 파악한 뒤, 그 유형에 맞는 학습 방법을 반복적으로 연습시키는 과정이 필요합니다. 결국 핵심은 유형 파악과 반복 학습입니다.

아이의 학습 유형은 어떻게 파악하면 좋을까요? 의외로 특별한 검사가 필요한 것은 아닙니다. 평소 아이의 행동과 학습 태도를 조금만 주의 깊게 관찰해도 충분히 실마리를 찾을 수 있습니다.

머리는 공부할 때만이 아니라 일상생활에서도 계속 사용됩니다. 그래서 아이가 놀거나 그림을 그릴 때, 말을 하거나 무언가를 만들 때의 모습을 평소에 관찰해 두는 것이 좋습니다. 이런 관찰이 아이의 두뇌가 어떤 공부 방식에 더 잘 맞는지 판단하는 데 중요한 단서가 됩니다.

아이의 학습 유형은 크게 두 가지로 나눌 수 있습니다.

먼저 산 정상에서 경치를 내려다보듯 전체 그림을 먼저 파악하는 아이가 있습니다. 저는 이런 아이들을 '등산가형'

이라고 부릅니다.

　반대로 유적지에서 작은 조각을 하나씩 맞추듯 세부 정보를 차근차근 살피는 아이는 '탐사가형'입니다.

　이러한 차이는 선천적인 두뇌 정보 처리 방식에서 비롯됩니다. 탐사가형 아이는 차례로 들어오는 정보를 꼼꼼하게 처리하는 능력이 뛰어나고, 등산가형 아이는 여러 정보를 동시에 파악하며 전체 흐름을 잡는 능력이 좋습니다.

우리 아이 학습 유형은?
등산가형 vs 탐사가형

＊

　아이가 과연 어떤 유형일지 자가 진단할 수 있는 간단한 질문을 준비했습니다. 어머니가 먼저 예상해 본 다음, 아이에게도 스스로 어떤 유형이라고 생각하는지 물어봐 주세요. 이 질문에 대한 답을 보면 아이가 전체 흐름을 먼저 보는 등산가형인지, 아니면 세부 요소를 중심으로 이해하는 탐사가형인지 어느 정도 짐작할 수 있습니다. 더 자세한 내용은 아래에 이어지는 유형별 설명을 참고해 주세요.

등산가형

등산가형 아이는 정보를 이해할 때 전체 흐름과 구조를 먼저 파악하는 경향이 있습니다. 이야기나 정보를 접하면 세부 장면보다 전체 맥락을 먼저 정리하려는 특징이 있습니다. 그래서 내용을 설명할 때도 자연스럽게 줄거리나 핵심 메시지를 중심으로 전달하는 경우가 많습니다.

글을 쓸 때도 이러한 특성이 나타납니다. 이 아이들은 무엇을 먼저 쓰고 어떤 순서로 전개할지 큰 틀을 세우는 데 비교적 능숙합니다. 많은 아이가 글을 쓰라고 하면 첫 문장에서 막히지만, 등산가형 아이들은 전체 흐름을 먼저 떠올린 뒤 세부 내용을 채워 넣는 방식으로 접근합니다. 그래서 글의 방향이 크게 흔들리지 않고 읽는 사람도 이해하기 쉬운 구조를 만들어 냅니다.

일상생활에서도 이러한 특성을 관찰할 수 있습니다. 예를 들어 물건을 정리할 때 크기나 색깔, 용도 같은 기준을 세워 묶는 모습을 보이기도 합니다. 설명서나 프린트를 읽을 때도 전체 내용을 먼저 훑어보며 무엇을 해야 하는지 큰 얼개를 파악하는 경우가 많습니다. 글을 보는 순간 작업의 순서와 핵심 구조가 눈에 들어오기 때문에 읽기에 대한 부담도 비교적 적습니다.

이 유형의 가장 큰 학습 강점은 '핵심을 빠르게 파악하는 능력'입니다. 긴 설명 속에서도 중요한 개념을 찾아내고 전체 흐름을 정리하는 데 능숙합니다. 또한 개별 지식을 따로 외우기보다 전체 맥락 속에서 의미를 이해하기 때문에 배운 내용을 오래 기억하는 경향이 있습니다.

탐사가형

탐사가형 아이는 정보를 이해할 때 세부적인 요소에 집중하는 특징을 보입니다. 이야기나 설명을 접하면 전체 줄거리보다 특정 장면이나 인상 깊은 부분을 먼저 떠올리는 경우가 많습니다.

글쓰기에서도 이 아이들은 장면 묘사나 세부적인 설명을 풍부하게 표현하는 데 강점을 보입니다. 다만 여러 내용을 하나의 중심 주제로 묶어 글의 구조를 만드는 일은 다소 어려워할 수 있습니다.

마찬가지로 일상생활에서도 세부 중심의 사고 방식이 나타납니다. 물건을 정리할 때 전체를 보면서 명확한 기준을 세워 분류하기보다는, 눈에 보이는 대로 두는 경우가 많습니다. 설명서나 프린트를 읽는 상황에서도 차이가 드러납니다. 탐사가형 아이들은 하나도 빠뜨리지 않고 읽어야 한다는 부담 때문에 읽기 자체에 심리적 저항을 느끼는 경우가 있습니다. 굳이 읽지 않아도 되는 설명서나 유인물에 많은 수고를 들이고 싶어 하지 않는 이유입니다.

또한 새로운 물건을 자랑할 때도 특징이 보입니다. 물건의 종류보다 생김새나 기능처럼 세부적인 부분을 중심으로 이야기하는 경우가 많습니다.

　　탐사가형 아이들의 가장 큰 학습 강점은 '세밀한 관찰력과 정확한 정보 처리 능력'입니다. 작은 요소도 놓치지 않고 기억하는 능력이 뛰어나며, 정보를 차례대로 정리하는 데 강점을 보입니다. 이러한 특성 덕분에 세부 분석이나 관찰이 중요한 학습 상황에서 좋은 성과를 보이는 경우가 많습니다.

분류 기준	등산가형	탐사가형
정보 인식 방식	전체 구조와 핵심 우선 인식	세부 장면 및 정보 우선 인식
스토리 회상 방식	줄거리 요약 중심	인상 깊은 장면 중심
독서 후 기억 포인트	교훈, 주제, 작가 의도	특정 문장, 페이지, 장면을 언급
글쓰기 방식	주제-내용 순 배치	장면이나 생각 위주 표현
글의 구조화 특징	단일 주제 중심의 내용 전개	여러 장면이나 내용 함께 제시
분류·정리 행동	색·크기·용도 등 기준별 배치	기준 없는 자유 배치
지시·설명문 접근	전체 흐름을 따라 구조 파악	필요한 부분 중심 발췌독
읽기 접근	글의 구조 및 순서 파악	세부 내용 순차 확인
대상 표현시 초점	종류 및 범주 언급	외형 및 기능 언급
학습 시 강점	요약 및 핵심 정리	장면, 내용 상세 묘사

이쯤에서 부모님들의 희비가 엇갈리는 소식을 전할까 합니다. 우리나라 교육 환경에서는 어떤 유형이 좋은 성적을 받을 확률이 높을까요? 네, 바로 탐사가 유형의 아이들입니다. 학교 시험은 교과서를 구석구석 살펴봐야 좋은 점수를 받을 수 있기 때문에, 세부를 놓치지 않는 꼼꼼한 탐사가 유형의 아이들이 유리합니다.

반면 등산가 유형의 아이들은 공부에 어려움을 겪는 경우가 많습니다. 클리닉에 찾아오는 아이들만 봐도 등산가 유형의 아이들이 탐사가 유형의 아이들보다 월등히 많습니다. 그만큼 학습 과정에서 어려움을 겪고 있다는 뜻입니다.

쉽게 말해, 등산가 유형의 아이들은 숲을 먼저 보는 아이들입니다. 전체 흐름과 구조는 잘 보이지만, 나무 한 그루 한 그루의 잎사귀까지 세세히 살피는 일에는 에너지가 많이 듭니다. 반대로 탐사가 유형의 아이들은 나무를 먼저 보는 아이들입니다. 잎맥과 나뭇결까지 자세히 관찰하는 데 강점이 있지만, 숲 전체의 지형을 한눈에 그리는 일은 상대적으로 어렵습니다.

문제는 학교 수업과 시험이 대부분 '숲'이 아니라 '나무'를 기준으로 설계되어 있다는 점입니다. 타고나기를 큰 흐름부터 이해하는 성향의 아이에게는, 모든 세부를 빠짐없이 확인하라는 요구가 버겁게 느껴질 수밖에 없습니다. 아이는 교육 환경이 원하는 방식에 자신을 억지로 맞춰야 하니 점점 지치게 됩니다. 그 결과 등산가 유형의 아이들이 탐사가 유형의 아이들보다 학습 동기를 더 쉽게 잃습니다.

"시험이 이상한 곳에서 나왔어요." 등산가 유형의 아이들이 시험을 보고 나서 자주 하는 말입니다. 이 아이들은 그림이나 표 아래 적힌 설명, 연습 문제의 보기처럼 자신이 보기에 '덜 중요해 보이는 부분'을 읽지 않고 시험을 치르기도 합니다. 하지만 시험은 변별력을 가져야 하기에 교과서 곳곳, 즉 나무 하나하나에서 문제가 출제됩니다. 숲을 읽는 아이와 나무를 읽는 아이 사이의 간극이 점수 차이로 이어질 수밖에 없게 됩니다

반복 학습을 견디지 못하는 등산가형

＊

초등학교 4학년 민석이는 어머님 말씀에 따르면 예전부터 기탄 수학이나 눈높이 수학 같은 반복형 문제집을 유난히 싫어했다고 합니다. 민석이는 사칙 연산에서 실수가 잦아 오답이 늘었고, 그로 인해 수학 시간에도 집중하지 못하

는 모습이 보여 클리닉을 찾게 되었습니다. 어머님 입장에서는 실수를 안 해도 될 부분에서 실수한다고 생각했지만, 민석이 입장에서는 틀릴 만한 문제에서 틀린 셈이었습니다.

사람은 누구나 반복적인 일을 좋아하지 않습니다. 하지만 등산가형 아이들이 반복 학습을 싫어하는 이유는 단순히 지루해서가 아닙니다. 이 유형의 아이들은 문제의 전체 구조가 같으면 서로 다른 문제라도 비슷하게 느끼는 경향이 있습니다.

예를 들어 '3+5=8'과 '3+4=7'이라는 문제가 있다고 해 보겠습니다. 탐사가형 아이들은 뒤에 오는 숫자가 5인지 4인지에 따라 결과가 달라지는 이유를 금세 인지하고, 이러한 작은 차이를 흥미롭게 받아들입니다. 다음 문제를 풀면서 차이를 확인하는 과정 자체에 재미를 느끼기도 합니다.

하지만 민석이와 같은 등산가형 아이에게는 두 문제가 거의 같은 문제처럼 보입니다. 둘 다 '3에 어떤 숫자를 더하는 문제'라는 큰 틀로 인식되기 때문입니다. 구조가 같다고 느끼는 순간 세부적인 차이는 크게 중요하게 생각하지 않습니다.

그래서 등산가형 아이들은 문제의 난이도와 관계없이 사소한 계산 실수를 반복하기 쉽고, 학년이 올라갈수록 단순 반복 연습 위주의 학습에서 어려움을 겪는 경우가 많습니다.

새로운 유형에 약한 탐사가형

*

탐사가형 아이들은 새로운 문제 유형에 비교적 약한 편입니다. 문제의 형태가 조금만 달라져도 '배우지 않은 내용'이라고 생각하기 때문입니다. 예를 들어 수업 시간에 세모, 네모, 동그라미가 모두 도형이라는 설명을 들었는데 시험 문제에 평행사변형이 나오면 엉뚱한 답을 적는 경우가 있습니다. 처음 이런 모습을 보면 부모님들은 "평행사변형이 도형이 아니면 뭐냐, 그것까지 일일이 알려줘야 하느냐"며 답답해합니다. 하지만 이런 아이들에게는 시간을 두고 차근차근 이해할 수 있도록 기다려 주는 태도가 필요합니다.

탐사가형 아이들은 정보를 순차적으로 처리하는 성향이 강합니다. 그래서 1단원에서 이해가 막히면 다음 단원으로 쉽게 넘어가지 못합니다. 예를 들어 시험에서 1단원 문제가 두 개밖에 나오지 않고 2단원에서 열 문제가 출제된다고 해도, 이 아이들은 먼저 1단원을 이해해야 다음 내용을 공부하려 합니다. 공부는 열심히 하는데 성적이 기대만큼 나오지 않는 이유가 여기에 있습니다. 주변에서 "너처럼 공부하면 전교 1등도 하겠다"라는 말을 듣는 경우가 많은 것도 같은 이유입니다.

또 하나의 특징은 우선순위를 정하는 데 약하다는 점입니다. 사회나 과학 교과서를 보면 밑줄이 책의 대부분을 차지하고 있는 경우가 많습니다. 부모님 입장에서는 열심히 공부한 흔적으로 보여 뿌듯할 수 있지만, 사실은 중요한 내용과 그렇지 않은 내용을 구분하지 못한 결과일 때가 많습니다. 책이 비교적 깨끗한 등산가형 아이들과는 대조적인 모습입니다.

그래서 탐사가형 아이들은 무엇이 핵심이고 무엇은 넘어가도 되는지 구분하는 훈련을 해야 합니다. 예를 들어 "너는 문제 하나하나는 잘 푸는데 서로 연결하는 걸 조금 어려워하는 것 같아. 개념이 두 개 이상 나오면 헷갈리지? 그럼 이런 문제를 같이 연습해 보자"라는 식으로 접근하면 도움이 됩니다. 이런 연습이 쌓여야 중학교에 올라가서도 학습 진도를 무리 없이 따라갈 수 있습니다.

부모님의 유형도 중요하다

한 가지 질문을 드리겠습니다. 부모와 아이의 학습 유형이 서로 다르면 어떤 일이 생길까요?

먼저 어머님이 등산가형이고 아이가 탐사가형인 경우를 생각해 보겠습니다. 이런 경우 어머님들은 아이가 노력은 하는데 공부 감각이 부족하다고 느끼기 쉽습니다. 어머님은 책을 펼치자마자 전체 흐름을 빠르게 파악하는데, 아이는 한 부분씩 차근차근 이해하려다 보니 시간이 오래 걸립니다. 그러다 보면 '우리 아이는 공부 머리가 없구나'라는 식으로 성급하게 일반화하기 쉽습니다.

반대로 아이가 등산가형이고 어머님이 탐사가형이라면 상황은 또 다르게 나타납니다. 어머니가 보기에 아이가 공부를 성의 없이 한다고 생각하기 쉽습니다.

초등학교 5학년 현정이의 경우가 그랬습니다. 어느 날 어머님이 장을 보러 가면서 주말 공부 계획을 세워 보라고 하자 현정이는 나름대로 계획을 적어 두었지만, 돌아온 어머님은 종이에 적힌 네 줄을 보고 "너 하다 말았지? 주말 동안 이것만 할 거야?"라며 면박을 줬다고 합니다.

현정이 어머님은 출판사 편집장으로, 평소에도 꼼꼼하

고 완벽주의적인 면이 강한 분이었습니다. "애가 달랑 네 줄을 적어놨더라고요"라고 하시기에 저는 어머님의 성향을 짐작할 수 있었습니다.

그래서 저는 "어머님에게는 달랑 네 줄이지만, 따님에게는 꽉 찬 네 줄일 수도 있습니다"라고 말씀드렸습니다.

아이의 방식에서는 그 정도가 충분한 계획일 수 있습니다. 이런 상황에서 "네 딴에는 이게 한 거지?"라는 식으로 말하면 아이는 억울함과 서운함을 느끼게 됩니다. 먼저 아이가 한 부분을 인정한 뒤 "여기에 조금 더 구체적인 내용을 적어 보면 좋지 않을까? 나중에 까먹지 않게 말이야" 하고 덧붙이는 편이 훨씬 바람직합니다.

아이에게 공부를 지도할 때는 아이의 유형뿐 아니라 부모님도 자신의 유형을 함께 이해하는 것이 중요합니다. 그래야 서로의 차이에서 비롯되는 갈등을 줄일 수 있고, 괜한 오해로 감정이 상하는 일도 훨씬 줄어들기 때문입니다.

반쪽 능력을 채워야 공부가 완성됩니다

"탐사가형 아이들이 우리나라 교육 환경에서는 유리하다면서요?"

이렇게 묻는 부모님들이 많습니다. 실제로 어느 정도 맞는 말입니다. 하지만 공부에도 분명한 흐름이 있습니다. 처음에는 반복과 암기 중심의 '양으로 하는 공부'로도 성과를 낼 수 있지만, 어느 시점을 지나면 해석과 응용 중심의 '질적인 공부'로 전환됩니다. 일반적으로 이 변화가 나타나는 시기가 초등학교 4학년 무렵입니다.

이 시기에 많은 아이가 공부로 흔들립니다. 특히 탐사가형 아이들이 힘들어합니다. 양으로 공부하던 시기에는 반복 훈련만 성실히 해도 점수가 어느 정도 나오지만, 학습이 질 중심으로 바뀌면 전체 흐름을 파악하는 능력이 중요해지기 때문입니다. 이러한 역량이 갖춰지지 않으면 아무리 우리나라 교육 환경에 비교적 유리한 탐사가형이라도 어느 순간 '공부의 벽'을 만나게 됩니다.

반대로 등산가형 아이들은 처음부터 질적인 이해를 바탕으로 공부하려는 경향이 있습니다. 그래서 반복 연습이나 암기처럼 '양'을 요구하는 학습이 많아지면 쉽게 집중력을 잃기도 합니다. 기초를 다지기 위해서는 반복 학습이 필요한데, 이 과정에서 흥미를 잃는 경우도 적지 않습니다.

하지만 시간이 지나면서 두 유형의 장점이 결합되는 순간이 옵니다. 탐사가형 아이들은 일정 수준의 학습량이 쌓이면 어느 순간 전체 구조가 보이기 시작합니다. 단원의 핵심이 무엇인지, 문제에서 무엇을 묻고 있는지 파악하는 눈이 생기는 것입니다. 이렇게 탐사가형의 강점인 '세부에 강한 능력'과 등산가형의 강점인 '큰 틀을 파악하는 능력'이 함께 작동하게 되면, 그때 비로소 학습 역량이 크게 성장합니다. 말 그대로 '만능 우등생'으로 도약하는 시점이 찾아오는 것입니다.

그래서 두 유형 모두 '약점을 보완하는 훈련'이 반드시 필요합니다. 그렇지 않으면 반쪽짜리 공부밖에 되지 못합니다. 한쪽이 완벽해도 다른 한쪽이 빈약하면 '만능 우등생'을 원하는 우리나라에서는 좋은 대학에 진학할 수 없습니다. 그러니 부모님들은 아이의 약점 보완에 각별히 주의를 기울여 주셔야 합니다.

충분히 뛰어난 잠재성이 있음에도 당장 이 아이들이 지닌 강점보다 갖추지 못한 약점을 보완해야만 좋은 점수를 받을 수 있는 교육 환경이 야속할 때가 많습니다. 어른들이 만들어 놓은 환경인 만큼, 어른들이 가이드를 잘해 줘야 합니다. 아이들과 부모님 모두 성적에 덜 민감한 시기인 초등학교 5·6학년 때가 약점 보완의 골든 타임입니다.

자기 주도 학습이 이루어지려면 아이에게 맞는 학습법을 찾는 것과 동시에, 아이가 부족한 부분을 메워 주는 과정이 반드시 필요합니다.

이제 두 유형의 아이들에게 부족한 역량을 각각 어떻게 보완해 줄 수 있는지 구체적인 방법을 살펴보겠습니다.

등산가 유형 아이를 위한
3단계 채우기 대화법

*

등산가형 아이와 수학 문제를 풀 때는 '100문제를 푸는 것보다 제대로 된 10문제를 풀자'는 식으로 접근하는 것이 바람직합니다. 그래야 아이가 흥미를 잃지 않을 수 있습니다.

이 아이들에게는 영어 단어나 국사 연도 외우기는 특히 쉽지 않은 과제입니다. 아이들 눈에는 중요하지 않아 보이는데 외우라고 하니 몸이 뒤틀리고 짜증만 납니다.

기본적으로 입체적이고 질적으로 공부해야 학습 동기를 잃지 않는 유형이므로 영어 단어에 얽힌 이야기, 역사적 사건의 배경을 먼저 알려 주는 것이 좋습니다. 유명 강사가 콕 찍어서 알려 주는 공부법보다 이런 방식에 훨씬 재미를 느낍니다. 이러한 특성으로 외국에서는 등산가 유형을 내용의 질을 중시하는 학습자라고 해서 '질적 학습자'라고 부릅니다.

조금 더 구체적으로 들어가 볼까요? 등산가형 아이와 공부할 때 도움이 되는 3단계 대화법이 있습니다.

1단계: 책 읽기

먼저 책을 읽게 한 다음, 아이에게 "읽어 보고 네가 이해한 내용을 엄마에게 들려줄래?"라고 물어보세요. 아이는 본인이 이해한 대로 내용을 설명할 겁니다.

2단계: 빠뜨린 내용 확인하기

이번에는 "책을 보고 빠트린 내용이 없는지 확인해 볼까?"라며 아이가 놓친 내용을 스스로 들여다보게 하는 겁니다. 이때 "이걸 빠트렸잖아" 하고 다그치거나 시험을 보는 식으로 접근해서는 안 됩니다. 그냥 아이가 책을 보고 내용을 확인하기까지 기다려만 주세요.

3단계: 보완하기

"빠트린 내용을 넣어서 엄마에게 다시 이야기해 줄래?"라며 아이가 스스로 놓친 내용을 넣어서 전달하게끔 합니다. 이렇게 접근하면 혼내지 않고도 등산가형 아이가 지닌 약점을 보완할 수 있습니다.

또한, 문제집 수준을 낮춰서라도 공부에 대한 흥미를 갖도록 하는 것이 중요합니다. 아이 스스로 '공부가 되네. 생각보다 쉽네'라는 생각이 들어야 계속해서 공부에 시간과 에너지를 투자하려고 합니다. 이런 경험이 쌓이면 "이제 고급 기술 익혀 볼까? 너는 등산가 유형이라서 반복과 정확성 면에서 조금 약해. 우리 이번에 같이 극복해 보자"라는 말도 아이가 충분히 받아들입니다.

등산가 유형의 아이에게 맞는 추가 코칭

*

등산가형 아이들은 전체 흐름과 핵심 개념을 파악하는 능력은 뛰어나지만, 세부적인 내용에는 상대적으로 관심을 덜 두는 경우가 많기 때문에, 부모님은 아이가 놓치기 쉬운 세부를 자연스럽게 보완해 주는 추가 코칭을 해 주시면 좋습니다.

첫째, 읽거나 들은 내용을 '장면'으로 떠올리게 하는 방법입니다. 아이에게 읽은 내용을 머릿속에서 영화처럼 그려 보라고 해 보세요. 책을 읽다가 잠시 멈추고 "지금 머릿속에 어떤 장면이 떠오르니?"라고 물어보며, 아이가 떠올린 이미지를 말로 풀어 설명하게 하는 것입니다. 이렇게 하면 아이가 놓치기 쉬운 세부 정보를 자연스럽게 떠올리게 됩니다.

둘째, 세부 내용을 전체 맥락 속에서 연결하도록 질문을 던지는 방법입니다. 등산가형 아이들은 '영조와 정조의 정치 제도', '탕평책', '규장각'처럼 핵심 개념은 잘 기억하지만 세부 맥락에는 관심을 두지 않는 경우가 많습니다. 따라서 영조 시대의 정세는 어떠했는지, 탕평책을 실시하게 된 이유는 무엇인지, 정치적인 폐단이 어떤 사회 문제로 이어졌는지, 백성의 세금을 줄여 주는 정책이 어떤 도움을 주었는지 등을 함께 이야기하며 여러 측면을 연결하도록 도와주는 것이 좋습니다.

셋째, 아이가 어떤 세부 내용을 자주 놓치는지 파악해 보완하는 방법입니다. 등장인물의 이름을 빠뜨리는지, 사건의 순서를 기억하지 못하는지, 인과관계를 연결하지 못하는지, 처음과 끝은 기억하지만 중간 내용을 놓치는지 등을 살펴보면 아이에게 꼭 필요한 도움을 줄 수 있습니다. 아이가 내용을 요약한 뒤에는 "뭐 더 보충하고 싶은 것은 없니?"라고 부드럽게 물어보며 스스로 세부 내용을 채워 보게 하는 것도 좋은 방법입니다.

많은 부모님이 "이걸 집에서 어떻게 지도하나요?"라며 부담을 느끼시지만, 생각보다 어렵지 않습니다. 저녁에 아이의 공부를 30분 봐준다고 했을 때 진도만 30분 나가기보다 20분으로 줄이고, 남은 10분 동안 아이가 부족한 부분을 집중적으로 보완해도 충분합니다. 막상 아이의 교과서를 펼쳐 보면 '이 정도는 내가 지도할 수 있겠구나'라는 생각이 들 것입니다. 꼭 이 책에서 소개하는 방법을 전부 다 하지는 않더라도, 한 가지라도 우리 아이에게 필요한 습관을 만들어 주겠다는 마음이 더 중요합니다.

탐사가 유형 아이를 위한 3단계 덜어내기 대화법

＊

제가 서울의 한 초등학교에서 6개월 동안 '올바른 학습법'이라는 주제로 수업을 한 적이 있습니다. 그때도 이 3단계 대화법으로 아이들을 지도했습니다. 그중 탐사가형 아이를 지도한 경험을 예로 들어 보겠습니다.

1단계: 1차 밑줄 덜어내기

아이에게 교과서를 보여 달라고 했더니 거의 모든 문장에 밑줄이 그어져 있었습니다. 그래서 "네가 밑줄 친 10줄에서 3줄만 덜어내 볼까? 어떤 걸 덜어낼지 생각해 보자"라고 제안했습니다. 아이는 처음에는 "다 중요한데 뭘 지워야 해요?"라며 당황했지만, 한참 고민 끝에 3줄을 덜어냈습니다.

2단계: 2차 밑줄 덜어내기

부모님들도 필요한 물건을 사러 마트에 갔는데 누가 옆에서 두 개 정도는 나중에 사라고 하면 당황스러울 겁니다. 아이들도 마찬가지입니다. 아이가 힘들게 덜어낸 뒤에는 "대단하구나. 3줄이나 줄이는 게 쉽지 않았을 텐데"라며 아낌없이 격려해 주었습니다. 그런 다음, 다시 "이번엔 반을 또 덜어내 볼까?"라고 제안했고, 아이는 비교적 쉽게 밑줄을 덜어냈습니다.

3단계: 소리 내어 읽기

여기서가 가장 중요합니다. "그 많던 줄이 다 없어졌네. 그런데 아직도 밑줄이 그어져 있는 구간이 있네. 한번 소리 내서 읽어 볼까?"라며 아이가 스스로 핵심 내용을 인지하도록 도와줍니다.

이외에도 탐사가 유형의 아이에게 도움이 되는 방법이 있습니다. 아이에게 특정한 문단을 읽게 한 뒤, 문장이 아니라 단어로 제목을 달게 해 보세요. 그래야 아이에게 핵심을 간추리는 힘이 생깁니다.

"10줄만 읽고 네가 생각한 주제를 한 단어로 말해 볼래?"라고 하면 아마 시간이 한참 걸릴 겁니다. 이때 답답하다고 부모가 답을 알려 주거나 화를 내면 안 됩니다. 정답을 맞히지 못하더라도 이런 훈련 자체가 아이에게는 큰 도움이 됩니다.

탐사가 유형의 아이에게 맞는 추가 코칭

*

탐사가형 아이들은 계속 강조했듯이 디테일에 강합니다. 아이에게 책 한 권을 주고 요약해 보라고 하면 기억하는 내용을 빠짐없이 말하려고 할 것입니다. 이럴 때 부모님은 아이가 말한 세부 내용들이 하나의 실로 연결되어야 한다는 점을 붙들고 있으면 됩니다. 이것이 탐사가 유형 아이를 지도하는 기본 방향입니다.

첫째, 생각의 조각을 자유롭게 꺼내고 연결하게 하는 방법입니다. '브레인스토밍'이 특히 효과적입니다. 판단이나 정답을 잠시 미루고, 머릿속에 떠오르는 생각을 자유롭게 말하게 하는 활동입니다. 아이는 마음껏 아이디어를 내뱉으며 세부에만 머물던 시야에서 벗어나고, 생각의 조각을 서로 연결하는 연습을 하게 됩니다. 책이나 잡지, 만화, 영화 등을 활용해 자주 해 보세요. 웹툰이나 만화를 보면서 다음 장면을 짐작하거나 작가의 의도를 이야기해 보는 활동도 좋습니다. 잡지 사진을 보고 이야기를 만들어 보는 활동 역시 사진 속 정보의 중요도를 구분하고 이야기를 연결하는 능력을 길러 줍니다.

둘째, 내용을 '주제 중심'으로 다시 정리하게 하는 방법입니다. 예를 들어 책을 읽은 뒤 '제목 다시 짓기'를 해 보는 것입니다. 책 한 권이 부담스럽다면 문단이나 소단원 단위로 범위를 줄여도 좋습니다. 아이가 어려워한다면 주제 중심 제목, 부제 중심 제목, 핵심 단어 중심 제목 등 몇 가지 예시를 함께 제시해 보세요. '결말 다시 만들기'도 좋은 활동입니다. 여러 개의 결말을 만들어 보게 하고, 왜 그런 결말을 선택했는지 이야기해 보게 하세요. 이런 활동은 주제를 파악하고 근거를 설명하는 힘을 길러 줄 뿐 아니라 이야기의 인과관계와 사건의 연결 구조를 이해하는 데에도 도움이 됩니다.

셋째, 읽다가 멈추고 핵심을 정리하는 습관을 들이는 방

법입니다. 책을 술술 읽는 것보다 잠시 멈춰 방금 읽은 문단의 핵심을 적어 보는 연습을 해 보세요. 멈추는 순간 아이는 세부 내용에서 한 발 물러나 전체 의미를 정리하게 됩니다. 교과 공부에서는 '핵심어 낚시' 활동으로 적용할 수 있습니다. 예를 들어 '정조의 업적'이 주제라면 본문에서 그 주제와 관련된 핵심어(규장각, 화성 건설, 암행어사, 실학)를 찾아 하나씩 번호를 매겨 보게 하는 것입니다. 이렇게 하면 흩어져 있던 정보가 하나의 주제로 연결됩니다. 번호를 매기는 과정은 생각의 조각을 실로 꿰매는 것과 같습니다.

물론 탐사가형 아이들에게 이런 활동이 처음부터 쉽지는 않습니다. 실제로 번호를 매기는 과정에서 진땀을 흘리던 아이도 있었습니다. 그러니 아이에게 시키기 전에 부모님이 먼저 시범을 보이거나 아이와 함께 해 보는 것이 좋습니다.

지금까지 소개한 방법 가운데 부모님이 가장 쉽게 실천할 수 있고 아이가 흥미를 보이는 활동부터 시작해 보세요. 저희 클리닉에서도 효과가 높았던 방법들입니다. 등산가 유형의 아이들이 세부 내용을 보완해야 하듯, 탐사가 유형의 아이들은 생각의 조각을 연결하고 주제를 파악하는 연습을 꾸준히 해야 합니다.

우리 아이는
정말 끈기가 없는 걸까?

"아이가 끈기가 없어서 걱정이에요", "문제집을 다 푸는 걸 본 적이 없어요", "공부하다가 마는 습관을 고칠 수 없을까요?"

많은 부모님이 아이의 부족한 끈기 때문에 걱정이 이만저만이 아닙니다. 끈기는 보통 '쉽게 단념하지 않는 마음'을 말하는데 공부에서는 그 의미가 조금 다릅니다.

학습은 배운 지식을 수용하고, 처리해서 기억한 다음 필요한 타이밍에 꺼내 써야 합니다. 이러한 세 단계를 걸쳐야 비로소 한 번의 학습이 이뤄지는 것이죠.

세 명의 아이가 있다고 해 보겠습니다. 첫째, 정보를 수용하는 데서 학업을 마치는 아이, 둘째, 정보를 수용·처리까지만 하고 마는 아이, 셋째, 정보를 수용하고 처리해서 출력까지 하는 아이.

앞의 두 아이가 흔히 말하는 끈기가 부족한 경우입니다. 반면 세 번째 아이는 정보를 수용, 처리, 출력하는 3단계를 끝까지 밟죠. 공부를 잘할 확률도 높습니다.

결국 '끈기가 있다'는 것은 하나의 지식을 완전히 자신의 것으로 만드는 데 필요한 3단계를 무리 없이 거친다는 걸 의미합니다. 공부하는 내내 이 과정을 견뎌야 하니 아이들은 곤혹스럽습니다.

정보를 받아들이는 3가지 유형

*

정보를 수용하는 감각 통로는 아이마다 다릅니다. 저는 학습 스타일을 크게 시각형, 청각형, 운동형 3가지 유형으로 나누어 상담을 진행합니다.

· 시각형 학습자: 눈으로 보고 읽으며 이해하는 데 강한 아이

여기서 한 가지 궁금증이 생길 수 있습니다. 앞에서 등산가 유형과 탐사가 유형을 나누었는데, 시각형, 청각형, 운동형은 또 무엇일까요?

간단히 말해, 등산가형·탐사가형은 '공부 스타일'에 따라 큰 틀에서 나눈 것이고, 시각형·청각형·운동형은 '정보를 받아들이는 감각 통로'로 분류한 것입니다.

즉, 하나는 어떻게 공부하느냐에 따른 분류이고, 다른 하나는 어떤 감각을 통해 정보를 더 잘 받아들이느냐에 따른 분류입니다. 그래서 실제 상담에서는 "미경이는 등산가 유형이면서 청각형이네요", "성준이는 탐사가 유형이면서 시각형이네요" 이런 식으로 함께 진단합니다.

정리하자면, 등산가·탐사가 유형이 상위 개념, 그리고 시각형·청각형·운동형은 그 아래에 더해지는 하위 개념이라고 이해하시면 됩니다.

학습은 3단계를 거친다

*

1단계: 새로운 정보 받아들이기

뇌는 들어오는 정보를 하나의 자극으로 받아들입니다. 눈, 코, 귀, 입, 혀, 피부 같은 감각 기관을 통해 들어온 정보는 뇌로 전달되고, 뇌는 이 다양한 자극을 종합해 의미를 파악하느라 분주해집니다. 이때 의미를 제대로 이해하려면 오감을 통해 들어온 정보가 말이나 이미지 같은 형태로 정리되어야 하는데, 이 과정에서 사람마다 특히 편안하게 느끼는 감각 통로가 조금씩 다릅니다.

예를 들어 제가 아는 한 편집자는 자신이 완벽한 '청각형'이라고 말합니다. 저자 미팅 때 내용을 녹음해 두었다가 나중에 다시 듣는 과정에서 이런저런 편집 아이디어가 떠올라 즐겁다며 스스로 "저는 귀품을 팔아서 먹고살아요"라며 농담을 하곤 합니다.

이처럼 사람마다 큰 수고를 들이지 않아도 정보 처리가 수월한 감각이 있습니다. 부모님은 아이가 어떤 감각형인지 파악하는 것이 좋습니다.

아이가 시각형 학습자라면, 눈으로 읽고 보는 활동이 효과적입니다. 프린트물을 정리해 보거나, 글자를 눈으로 따라가며 이해하는 방식이 잘 맞습니다.

청각형 학습자라면, 선생님의 설명을 듣거나 알림장을 소리 내어 읽는 습관이 몰입을 높이는 데 도움이 됩니다. 저희 클리닉에 오는 학생 중 청각형 아이들에게는 자신이 공부한 내용을 마치 강의하듯 녹음한 뒤 다시 들어 보라고 권합니다. 처음에는 반신반의하지만, 나중에는 도움이 많이 되었다며 만족해합니다.

운동형 학습자라면, 몸을 움직이거나 손을 사용해 직접 해 보는 활동이 도움이 됩니다. 특히 그림이나 모형을 통해 얻은 정보를 잘 기억합니다.

2단계: 받아들인 정보 처리하기

학습이라는 것은 받아들인 정보가 체계적으로 정리돼 저장되었다가 필요한 때 불러낼 수 있도록 하는 것입니다. 오랫동안 기억되기 위해서는 정보의 의미가 이해되어야 하고 머릿속에 있던 지식과도 조화를 잘 이뤄야 합니다. 즉, 이전에 알던 지식과 손을 잡아야 합니다.

기억법 역시 두뇌 유형에 맞게 접근해야 효율성이 높아집니다.

아이가 시각형 학습자라면, 사진이나 도표처럼 눈으로

볼 수 있는 자료를 충분히 활용해 주세요. 박물관이나 전시
관에서도 설명을 직접 읽어 보게 하는 것이 도움이 됩니다.
연표나 중요한 내용을 기억할 때는 생각의 지도를 그리듯
내용을 정리하는 마인드맵을 활용하면 효과적입니다. 큰 원
안에 핵심 주제를 쓰고, 그 주제에서 5~6개의 가지를 뻗어
소주제를 배치합니다. 각 가지에 다시 3~4개의 핵심 내용을
덧붙이면 나뭇가지에 열매가 달리듯 구조가 완성됩니다. 이
렇게 정리하면 기억해야 할 내용이 어느 부분에 있는지 훨
씬 쉽게 떠올릴 수 있습니다.

이 방법을 활용할 때는 아이의 공부 스타일(등산가형, 탐
사가형)에 따라 지도 방법을 달리하면 더 효과적입니다.

등산가형 아이는 큰 흐름만 잡고 세부 내용을 적지 않는
경향이 있으므로 내용을 더 채우도록 도와주세요. 반대로
탐사가형 아이는 지나치게 많은 내용을 적어 복잡해지기 쉬
우므로 핵심만 남기고 덜어내는 연습이 필요합니다.

"뭘 지워야 할지 모르겠어요", "그래도 줄여야 할 것 같
아요" 이런 대화가 오가는 과정 자체가 핵심을 가려내는 훈
련입니다. 그래서 두 유형의 아이에게 같은 마인드맵 과제
를 주되, 등산가형 아이에게는 더 채우기, 탐사가형 아이에
게는 덜어내기를 지도하면 균형 잡힌 구조로 정리하는 힘이

길러집니다. 마인드맵은 채우는 것보다 지우는 일이 더 어렵다는 점도 기억해 주세요.

청각형 학습자라면, 말하면서 기억하고, 들은 내용을 떠올리는 데 강점이 있습니다. 이런 아이에게는 박물관이나 전시관에서 제공하는 오디오 가이드처럼 듣는 정보가 큰 도움이 됩니다.

혼자 공부할 때는 소리의 리듬을 활용한 암기법이 효과적입니다. 예를 들어 조선 왕의 순서를 외우는 방법으로 유명한 "태종태세문단세……"처럼 '앞 글자 따서 외우기'를 추천합니다.

문장을 만들어 외우는 것도 좋은 방법입니다. 발음이나 리듬을 살려 문장처럼 만들면 기억이 훨씬 오래갑니다. 제가 고등학생이었을 때, 지구과학 선생님께서 주기율표 순서를 쉽게 외울 수 있도록 원소 기호인 산소(O), 규소(Si), 알루미늄(Al), 철(Fe)의 각 알파벳 앞 글자를 따서 "오시알페가니코마야(옷이 앞에 가니 꼬마야)"라고 기억하는 방법을 알려 주신 적이 있습니다. 이런 식으로 스스로 문장을 만들어 보게 하면 하나만 떠올라도 줄줄이 연결되어 기억나는 경우가 많습니다.

아이들 가운데 특히 언어적 능력이 있는 재치 있는 친

구들은 이런 '암기 문장'을 기막히게 잘 만들어 내곤 합니다. 단순히 반복해 외우는 것보다 소리와 이야기를 더해 외우면 기억이 훨씬 깊이 각인되는 효과가 있습니다.

운동형 학습자라면, 체험 활동을 통해 배울 때 가장 효과적입니다. 이때 중요한 역할을 하는 기억을 '과정 기억Procedural Memory'이라고 하는데, 이는 말이나 글이 아닌, 몸의 움직임으로 저장되는 비언어적인 기억을 말합니다.

우리가 스케이트를 배울 때를 떠올려 보세요. 중심 잡는 법을 아무리 말로 설명 들어도 쉽게 이해되지 않지만, 실제로 빙판 위에서 몸으로 익히면 금세 감이 잡힙니다. 이렇게 몸으로 익히는 기억이 과정 기억입니다.

이런 능력이 선천적으로 뛰어난 아이들은 한 번 보거나 들은 것을 몸소 재현하는 데 비교적 능숙해 운동, 미술, 음악에 탁월한 재능을 보이는 경우가 많습니다. 여기에다 언어적 기억까지 뛰어나면 여러 방면에서 우수한 성취를 이루기도 합니다.

물론 과정 기억만 특히 발달한 아이들도 있습니다. 이런 아이에게 "너는 공부 빼고 다 잘하는구나"라고 약점을 드러내기보다는, "너는 실행 지능이 우수하구나"라며 아이의 강점을 인정해 주세요. 그래야 아이가 자신의 강점을 자산으로 받아들이게 됩니다. 이런 경험은 훗날 공부에 집중해야 하는 시기가 왔을 때도 큰 힘이 됩니다.

3단계: 정보 출력하기

학습의 마지막 단계는 배운 내용을 밖으로 꺼내는 것, 즉 출력입니다. 아이가 무엇을 얼마나 이해했는지는 이 단계에서 비로소 드러납니다.

아이들은 감각 학습 유형에 따라 편안하게 느끼는 표현 방식도 다릅니다.

시각형 학습자는 그림을 그리거나 글로 써서 표현하는 것을 선호합니다.

청각형 학습자는 대화를 나누거나 말로 설명하는 방식을 좋아합니다. 배운 내용을 누군가에게 이야기해 보게 하거나, 혼자서 소리 내어 정리하게 하면 이해가 더 단단해집니다.

운동형 학습자는 몸으로 직접 보여 주는 방식을 더 선호합니다. 배운 내용을 역할극처럼 재현해 보거나 몸짓을 섞어 설명할 때 이해가 깊어집니다.

중요한 것은 아이 스스로 이해가 되어야 한다는 사실입니다. 출력은 단순한 복습이 아니라, 머릿속에 흩어져 있던 정보를 다시 구조화하고 자기 것으로 만드는 과정이기에, 아이가 편안하게 느끼는 방식으로 설명하게 도와주는 것이 좋습니다.

꾸준히 하는 것도 재능이다

*

초등학교 때는 공부로 두각을 나타내지 않던 아이가 중학교에 올라가 전교 20등 안에 드는 일이 가능할까요? 실제로 그런 변화를 보여 준 아이가 있습니다.

초등학생 때 수연이는 공부보다는 그림 그리기에 더 큰 흥미를 보였고, 여러 미술 대회에서 상을 받을 만큼 꾸준히 실력을 쌓아 왔습니다. 어머님도 그런 아이의 모습을 존중해 주셨지요.

중학교에 올라간 뒤 첫 시험에서 수연이는 전교 20등을 했습니다. 보통은 성적이 떨어져야 클리닉에 오는데, 이번엔 반대의 경우에 놀란 어머님이 수연이 손을 잡고 찾아오셨고, 면담을 통해 한 가지 중요한 사실을 확인할 수 있었습니다. 수연이는 원래 공부를 잘할 수 있는 기본 소양을 갖춘 아이였지만, 그 에너지를 먼저 미술에 쏟았을 뿐이라는 것을요. 스스로 필요성을 느끼는 시점이 오자, 그동안 그림에 쏟았던 집중력과 집념을 공부로 옮긴 것입니다.

수연이에게 미술적 재능은 두 가지 선물을 주었습니다. 첫째, '그림을 잘 그리는 아이'라는 정체성이 자존감을 지켜 주는 든든한 방패가 되었습니다. 미술 시간만큼은 스스로 빛나는 존재라는 경험이 쌓이면서, '인정받을 수 있는 영역'이 있다는 효능감이 마음속에 자리 잡았습니다. 이 자존감은 새로운 도전을 할 수 있는 힘이 됩니다.

둘째, 하나를 오래 붙들고 해낸 경험이 공부에 필요한 심리적 자원을 길러 주었습니다. 인내심, 감정 조절 능력, 회복 탄력성, 끝까지 해 보는 힘 같은 요소들은 단기간에 만들어지지 않습니다. 수연이는 그림을 통해 이미 그 자원들을 충분히 단련해 두었고, 필요할 때 공부에 그대로 가져다 쓸 수 있었던 것입니다. 중요한 건 이런 자원들이 늘 '활성화된 상태'였다는 점입니다.

그래서 저는 부모님들께 자주 당부드립니다. 아이가 만화를 그리든, 글을 쓰든, 운동을 하든, 한 가지를 꾸준히 이어 가고 있다면 그것을 '공부와 별개인 활동'이 아니라 '미래를 준비하는 힘'으로 봐 달라고요.

'우리 아이는 꾸준히 해내는 재능이 있어.' 이렇게 바라봐 주는 시선이 아이를 더 단단하게 만듭니다.

수연이의 변화는 우연이나 기적이 아닙니다. 한 가지를 오래 좋아하고, 끝까지 해 본 경험이 있었기에 가능한 일이었습니다. 결국 꾸준함은 좋은 성적 이전에 길러야 할 힘이며, 그 자체로도 충분히 값진 재능입니다.

아이의 마음이 닫히면 공부도 멈춘다

"공부는 멘탈 관리가 중요합니다."

제가 이렇게 말하는 이유는 분명합니다. 아이가 공부를 싫어하게 되는 수많은 이유 가운데 큰 이유가, 부모와의 관계가 불편해지면서 생기는 '자신감 상실'이기 때문입니다.

초등학생 아이들은 사실 성적에 큰 관심이 없습니다. 놀고 싶은 마음이 훨씬 크고, 부모에게 사랑받고 인정받는 일이 더 중요합니다. 이 시기 아이들에게 '자신감이 없다'는 것은 단순히 '나는 이걸 못 해'에서 끝나지 않습니다.

아이의 마음속에서는 이렇게 연결됩니다.

나는 이걸 못 해.

↓

그래서 엄마 아빠에게 실망을 줄지도 몰라.

↓

사랑받을 수 없을지도 몰라.

아이들에게 자신감은 곧 부모의 관심과 사랑, 이해와 연결되어 있습니다. 이 사실을 기억해야 '공부를 시킨다'는 말의 의미를 다시 생각해 볼 수 있습니다. 단지 남들 다 보내는 학원에 보내는 일만이 아닙니다. '나는 엄마, 아빠에게 사랑받고 있구나.' 이러한 믿음이 아이를 다시 책상 앞으로 돌아오게 합니다.

부모가 따뜻한 관심을 거두지 않을 때, 아이는 공부에서 겪는 좌절을 이겨낼 힘을 얻습니다.

곁을 내어 주지 않는 아이

＊

갑자기 이런 이야기를 꺼낸 데는 그만한 이유가 있습니다. 제가 초등학생 자녀를 둔 부모님께 아이를 옆에 끼고 어

떻게 해서든 공부 전략, 양보다 질을 중시하는 공부 습관을
들이라고 해도, 이는 아이가 '자신의 곁'을 허락해야 가능합
니다.

클리닉에 온 아이들만 봐도 자기 속내를 털어놓는 '골든
타이밍'이 저마다 다릅니다. 다른 사람에게 도움을 구하고
받아들이는 면에서 차이가 나기 때문입니다. 이건 집안에서
부모와의 유대 관계를 나타내는 지표가 되기도 합니다.

저는 클리닉에 온 부모님들에게 평상시 아이가 도움을
잘 받아들이는 편인지 아닌지 꼭 묻습니다. 집안에서 마음
의 문을 열지 못하면 밖에 나와서도 마찬가지입니다. 그런
데 한 가지 재밌는 사실이 있습니다. 부모님의 도움은 죽어
도 받지 않으려 하면서 저에게는 적극적으로 도움을 요청하
는 아이들이 뜻밖에 많다는 겁니다. 전문가라서 그럴 수도
있지만 그 아이에게는 세상에서 엄마나 아빠가 가장 버거운
존재이기에 나타나는 '차별적 행동'입니다. 그만큼 공부를
도와주기 위한 환경이 만들어지지 않았다는 뜻입니다.

일반적으로 부모님 따로, 아이 따로 면담을 진행합니다.
아이와 나눈 이야기는 부모님에게 공유하지 않는 것을 원칙
으로 합니다. 만약 제가 아이와 나눈 내용을 부모님께 전하
면 아이는 저를 신뢰하지 못하게 됩니다.

‘아, 원장님은 엄마의 제어를 받는구나’라며 금방 눈치 채고 다시는 저에게 마음을 열지 않습니다. 가끔 아이에 관한 정보를 듣고 싶어서 집요하게 물어보는 부모님이 계시는데, 그건 본인이 불안해서 컨트롤을 놓지 못하기 때문입니다. 이렇게 되면 아이가 엄마의 불안증으로 공부에 집중할 수 없게 됩니다.

아이들은 부모의 감정을 모두 읽습니다. 부모의 감정이 한 줄이면 한 줄을 읽고, 세 줄이면 세 줄 그대로 읽습니다. 이런 환경에서 자란 아이일수록 자신의 곁을 부모에게 내 주지 않으려고 합니다. 그럼 어떻게 해야 환경이 만들어질 수 있을까요?

가장 먼저 아이가 곁을 내어 주지 않는 이유를 파악해야 합니다. 다양한 이유가 있겠지만 보통은, 누구의 간섭도 받고 싶지 않은 아이, 독자적으로 생각하는 힘이 강한 아이, 부모님을 실망하게 하고 싶지 않아서 도움을 피하는 아이, 이렇게 세 유형으로 나뉩니다.

언뜻 보면 비슷비슷해 보이지만 큰 차이가 있는 만큼 한 유형씩 자세히 살펴보도록 하겠습니다.

티끌만 한 간섭조차 받고 싶지 않은 아이

*

부모님의 잔소리가 반복되다 보면, 도움 자체를 거부하는 아이들이 있습니다. 이런 아이들은 누군가 자신의 공부를 지켜보는 상황 자체를 부담스러워합니다. 그래서 부모님은 물론 선생님에게도 쉽게 마음의 문을 열지 못합니다. 이 유형의 아이에게 가장 먼저 필요한 것은 '부모님이 간섭하는 사람이 아니라는 신뢰를 심어 주는' 일입니다.

예를 들어 "엄마가 아무 말도 안 하고 옆에 있기만 할게. 그래도 괜찮을까?"라고 조심스럽게 물어봤을 때, 아이가 이를 받아들일 수도 있고 거절할 수도 있습니다. 만약 거부하더라도 서두르지 말고 기다려야 합니다. 부모님은 아이 곁에 있어도 되는 '옆에 있을 자격'을 얻는 과정을 거쳐야 합니다. 아이들도 대부분 분위기를 느끼기 때문에 시간이 지나면 부모의 제안을 조금씩 받아들이게 됩니다.

정말 어려운 단계는 그다음입니다. 아이 옆에 앉아 있을 때 아이가 문제를 틀리거나, 해야 할 공부는 안 하고 몸을 뒤틀거나 장난을 치더라도 부모는 쉽게 말을 꺼내서는 안 됩니다. 지금 목적이 아이의 공부 자세를 바로잡는 것인지, 아니면 아이와의 신뢰를 쌓는 것인지를 분명히 알아야 합니다. 목적을 잊어버리면 인내심은 금세 분노로 바뀌기 때문입니다. 이런 신뢰의 경험을 최소한 서너 번은 반복해야 아이는 부모님을 믿기 시작합니다.

아이와의 관계가 이 단계에 이르면 그때부터는 조금씩 말을 건넬 수 있습니다. "그거 좀 어려워 보이네", "지금 어려운 문제 풀고 있구나"처럼 아이의 상황을 있는 그대로 말해 주는 정도로 충분합니다. 다만 절대로 아이를 대신해 나서서 문제를 풀어 주어서는 안 됩니다. 아이가 문제를 해결하는 과정을 지켜보며 무엇을 어려워하는지 파악한 뒤, 그때 필요한 도움을 주는 것이 좋습니다.

공부는 아이에게만 감정적인 일이 아닙니다. 아이를 지도하는 부모님에게도 감정이 크게 작용합니다. 아이의 신뢰를 얻기 위해서는 무엇보다 부모가 자신의 멘탈을 관리해 감정을 조절할 수 있어야 합니다.

많은 부모님이 처음에는 "옆에만 있겠다"고 말해 놓고 결국 잔소리로 끝내곤 합니다. 그러면 아이는 부모의 말을 더 이상 믿지 않게 됩니다. 결국 아이에게 진 것이 아니라 부모가 자신의 감정에 진 것이 됩니다.

자기 방식대로 밀고 나가는 아이

*

독립성이 강한 아이에게 중요한 것은 '누가 옆에 있느냐'가 아니라 '자기 방식대로 공부를 끌고 가는' 것입니다. 스스로 선택하고 결정하는 과정이 보장되면, 누군가 옆에서 공부하는 모습을 지켜보겠다고 해도 크게 문제 되지 않습니다.

따라서 이 유형의 아이에게는 학습의 시작부터 마무리까지 스스로 결정할 수 있는 여지를 남겨 주는 것이 중요합니다. 공부하는 도중에 부모님이 방향을 바꾸려 하거나 중간에 제동을 걸기보다는, 아이가 일단 자신이 세운 방식대로 끝까지 해 보도록 기다려 주는 편이 좋습니다. 아이가 자기 방식으로 시도해 보는 경험 자체가 이 아이들에게는 중요한 동기로 작용합니다.

다만 공부하다가 막히는 순간이 보이면 그때는 조심스럽게 말을 건넬 수 있습니다. 이때도 바로 해결 방법을 알려 주기보다는 "엄마 생각을 말해도 될까? 싫으면 안 할게"라고 먼저 아이의 의사를 묻는 것이 좋습니다. 이 아이들은 결정권을 존중받는다고 느끼면, 못 이기는 척 부모님의 의견을 받아들이는 경우가 많습니다.

만약 과제의 완성도가 조금 부족해 보인다면 바로 지적

하기보다는 시간을 두는 것도 좋은 방법입니다. 아이가 공부를 마친 뒤 "아까 그 문제 말이야. 더 잘하는 방법이 없을까?"라고 가볍게 다시 물어보며 스스로 생각해 보게 해 주세요. 이렇게 시차를 두고 질문을 던지면 아이는 부모의 말을 간섭으로 받아들이지 않고, 자기 방식에 대해 다시 생각해 볼 기회를 갖게 됩니다.

독립성이 강한 아이를 지도할 때 부모가 꼭 기억해야 할 점은 아이의 '주도권을 빼앗지 않는' 것입니다. 부모가 방향을 정해 주기보다 아이가 선택하고 시도할 수 있는 공간을 남겨 줄 때, 이 아이들은 오히려 더 책임감 있게 공부에 몰입하게 됩니다.

부모님의 한숨이 두려운 아이

*

부모님의 간섭이 싫어서 도움 자체를 거부하는 아이와 달리 부모님이 실망할까 봐 도움을 요청하지 못하는 아이도 있습니다. 이 아이들에게는 엄마, 아빠의 한숨 소리가 세상에서 가장 크게 들립니다. 공부하는 내내 신경이 부모의 반응에 쏠려 있으니 책 내용이 눈에 들어올 리 없습니다. 결국 아이는 수동적인 자세로 공부하게 됩니다. 그 모습을 보고 부모님은 "왜 공책을 다 가리고 공부하니", "자세를 똑바로 하고 공부해야지"라며 답답해하지만, 이런 말이나 표정은 오히려 아이를 더 움츠러들게 만들 수 있으니 주의해야 합니다.

'부모가 걱정할 거라는 염려를 덜어 주는' 것이 우선입니다. 이때 활용할 수 있는 방법은 결과가 아니라 태도를 인정해 주는 방식의 격려입니다. "문제를 잘 푸는구나", "글씨가 예쁘다"처럼 결과에 초점을 맞춘 칭찬보다는, "네가 앉아서 꾸준히 하는 모습이 참 보기 좋아"처럼 아이의 노력과 태도에 주목하는 말을 건네는 것이 좋습니다. 좋은 성과를 내지 않아도 지금 그대로의 모습이 충분히 괜찮다는 메시지를 받은 아이는 '부모님이 있는 그대로의 나를 좋아하는구나'라고 느끼게 됩니다.

결국 이 모든 것은 멘탈 관리, 즉 감정을 어떻게 다루느냐에 달려 있습니다. 그리고 여기서 가장 중요한 것은 부모님의 자제력입니다. 아이에게 한마디 하면 당장이라도 바뀔 것처럼 느껴지는 순간에도 말을 아끼고 지켜볼 필요가 있습니다. 부모가 자신의 멘탈을 잘 관리할수록 아이는 공부하는 과정에서 심리적인 안정감을 느낍니다.

기억해 주세요. 아이가 공부를 잘하는지 못하는지를 판단할 게 아니라, 공부 과정에서 아이의 멘탈이 다치지 않도록 살피는 일이 우선되어야 합니다. 공부는 지식으로만 하는 활동이 아닙니다. 마음이 버텨 주어야 계속할 수 있는 일입니다. 그래서 공부 자체보다 멘탈이 먼저 무너지지 않도록 지켜 주는 일이 무엇보다 중요합니다.

부모가 아이의 멘탈을 보호해 줄 때 아이는 비로소 공부를 두려움이 아닌 도전으로 받아들이기 시작합니다. 그때부터 공부는 억지로 시켜야 하는 일이 아니라, 아이가 스스로 이어 갈 수 있는 일이 됩니다.

내 아이에게 맞는 전략은 따로 있다

＊

앞에서 살펴본 세 유형의 아이를 각각 A, B, C 유형으로 나누어 영어 단어를 외우는 상황을 생각해 보겠습니다. 부모님이 보시기에 가장 효율적인 방법을 '플랜 1', 그보다 덜 효율적으로 보이는 방법을 '플랜 2'라고 하겠습니다.

외부의 간섭을 싫어하는 A 유형과 독립적으로 생각하기를 좋아하는 B 유형에게는 플랜 1과 플랜 2를 함께 제시하는 것이 좋습니다. 이 두 유형의 아이들은 스스로 선택할 때 흥미를 느끼고, 자신이 선택한 방법에 책임감을 갖기 때문입니다. 선택권을 주는 순간 공부는 '엄마의 지시'가 아니라 '나의 결정'이 됩니다.

반면 C 유형의 아이에게는 처음부터 부모가 플랜 1을 선택해 제시하는 편이 좋습니다. 이미 부모의 반응을 지나치게 의식하는 아이에게 "어떤 방법이 좋을까?"라고 묻는 순간, 아이는 공부보다 부모의 표정을 먼저 살피게 됩니다. 이런 경우에는 "이 방법이 더 쉬울 것 같네", "너에게는 이 방법이 더 잘 맞을 것 같아"처럼 부드럽게 방향을 제시해 주는 것이 부담을 줄여 줍니다.

이 이야기를 들으면 많은 부모님이 "플랜 1은 생각할 수 있는데 플랜 2까지 만들기는 어렵다"고 말씀하십니다. 단순히 부담스럽고 번거로워서가 아닙니다. 내심 아이가 플랜 1로 단번에 성과를 내길 기대하기 때문입니다.

야구 코치의 예를 들어 보겠습니다. 스윙이 어색한 타자를 지도할 때, 한 번에 완벽하게 고쳐 주는 코치가 더 유능할까요, 아니면 단계적으로 교정해 가는 코치가 더 유능할까요? 대부분은 전자를 떠올리겠지만 현실의 답은 후자입니다. 한 번에 고쳐질 문제였다면 애초에 코치가 필요하지 않았을 테니까요.

아이 공부도 마찬가지입니다. 아이가 플랜 2를 선택했다고 해서 그대로 두라는 뜻은 아닙니다. 여러 방법을 시도해 보는 과정 속에서 아이에게 맞는 방법을 찾아가는 것이 중요합니다. 이 과정에서 아이의 학습 성향이 드러나고 무엇이 동기가 되는지도 자연스럽게 알 수 있습니다.

다만 플랜 2를 준비할 때는 한 가지 주의할 점이 있습니다. 플랜 1보다 지나치게 수준이 떨어지는 방법이면 부모님의 마음이 먼저 조급해집니다. 결국 "그냥 플랜 1로 하자"라는 말이 나오기 쉽습니다. 그러지 않으려면 플랜 1 못지않은 플랜 2를 준비하겠다는 태도가 필요합니다. 그래야 아이의 선택을 진짜 선택으로 존중할 수 있습니다.

중요한 것은 다른 부모들이 어떻게 가르치는지를 그대로 따라 하는 것이 아니라, 우리 아이에게 무엇이 맞는지 관찰하려는 자세입니다. 그런 태도가 있을 때 부모는 비로소 아이의 선택을 기다려 줄 수 있습니다.

• ○ ○

아이들에게 '근자감'은

단순히 근거 없는 자신감을 의미하지 않습니다.

앞으로 더 큰 일을 해낼 수 있게 만드는 추진력이 됩니다.

그래서 아이의 기를 살리는 방향으로 계획을 세우고,

작은 성취라도 이루었다면 충분히 격려해 주는 것이 중요합니다.

준비의 법칙

– 현명한 계획이 아이의 불안을 없앤다

당장의 성적보다 중요한 공부의 흐름을 잡는 법

고등학교 입학을 앞둔 시기는 누구나 비장한 각오로 학습에 임하게 됩니다. 평소에 공부를 멀리하던 아이들도 '이제는 해야 할 것 같다'는 압박감을 느끼기 시작합니다.

중학교 3학년 종규 역시 그런 시기를 맞고 있었습니다. 종규는 틀에 맞춰 자신을 가두는 것을 무척 싫어하는 아이였습니다. 속된 말로 '필 받을 때'만 공부하는 스타일이었습니다. 그러다 보니 과목별 성적의 편차가 컸습니다. 수학에는 자신감이 있었지만 영어와 암기 과목 성적은 바닥에 가까웠습니다. 외우는 공부를 싫어해 암기 과목을 등한시한 것이 원인이었습니다.

초등학교까지는 계획 없이 눈앞의 과제만 해도 성적이 어느 정도 유지됩니다. 그러나 중학교에 올라가면 상황이 달라집니다. 과목 수가 늘어나면서 해야 할 과제도 눈덩이처럼 불어나기 때문입니다. 여기에 과목마다 다른 선생님을 만나게 되면서 요구하는 학습 태도 역시 달라집니다.

이때 계획하는 습관이 잡혀 있지 않으면 아이들은 멘붕을 경험합니다. 무엇부터 해야 할지 몰라 갈팡질팡하다 보면, 첫 학기는 방향도 잡지 못한 채 지나가 버리기 쉽습니다.

벼락치기로는 넘지 못하는 계획 세우기의 이점

＊

저는 공부를 가장 스마트하게 하는 방법으로 '계획 세우기'를 추천합니다. 계획을 잘 세우는 사람은 여러 일을 동시에 처리하기가 수월하고 결과도 안정적입니다. 해야 할 일이 많아도 부담에 쉽게 압도되지 않고, 지금 무엇을 하고 있는지 스스로 점검할 수 있기 때문입니다. 계획대로 진행되고 있는지 확인할 수 있으면 결과를 예측하고 대비하기도 훨씬 수월합니다. 이런 장점은 공부에도 그대로 적용됩니다. 여러 과목의 수행평가와 시험을 준비해야 하는 학생에게 계획 세우는 능력은 필수적입니다.

계획이 예정대로 진행되고 있다는 사실만으로도 사람은 안도감과 의욕을 얻습니다. 그래서 예전부터 생활 계획표 작성을 강조해 온 것입니다. 결국 계획은 공부 방법일 뿐 아니라 감정을 관리하는 도구이기도 합니다.

하지만 요즘 아이들과 이야기를 나눠 보면 계획 세우기를 소모적인 일로 여기는 경우가 많습니다. "어차피 지켜지지 않는다", "시간 낭비다", "효과 없다"는 인식이 강합니다. 부모 역시 여러 번 시켜 보다가 '소용없더라'며 포기하기도 합니다. 그러나 계획 세우기가 왜 필요한지, 그것이 학습 능력에 어떤 영향을 미치는지 이해하지 못하면 그 가치를 과소평가하기 쉽습니다.

저는 종규에게 달력을 주며 한 달 동안 시험 준비 계획을 세워 보라고 했습니다. 그런데 종규는 제 말이 끝나기도 전에 이렇게 말했습니다.

"사회랑 국어 공부하고, 과학이랑 영어는 시험 전에 외우고, 수학은 안 해도 되고……."

종규처럼 기분이 내킬 때만 공부하는 아이들은 시험 범

위를 나누어 일정 기간 안에 끝내는 방식에 익숙하지 않습니다. 그래서 자연스럽게 벼락치기에 의존하게 됩니다.

벼락치기는 부모님도 한 번쯤 해 본 공부법일 것입니다. 집중력과 이해력이 뛰어난 학생이라면 중학교 때까지는 어느 정도 성적을 유지할 수 있습니다. 그러나 고등학교에 올라가면 상황이 달라집니다. 공부의 양이 많아지고 시험 범위가 넓어지면서, 아무리 지능이 좋은 아이라도 성적이 크게 흔들립니다. 수능처럼 장기적인 시험을 준비할 때는 더더욱 벼락치기가 통하지 않습니다.

많은 부모가 '계획하기'를 단순히 공부량을 나누는 일 정도로 생각합니다. 그러나 계획을 세운다는 것은 공부할 양을 쪼개는 것 이상의 의미를 가집니다. 공부하는 방식을 스스로 고민하게 만드는 과정이기 때문입니다.

예를 들어 수학 문제집 2단원을 풀고, 사회 교과서를 두 번 읽으며 용어를 정리하고, 영어 단어를 하루에 10개씩 외우기로 계획했다고 해 보겠습니다. 아이는 각 과제를 수행하면서 단순히 공부량을 관리하는 데서 그치지 않습니다. "어떻게 하면 더 효율적으로 정리할 수 있을까?"를 계속 생각하게 됩니다.

수학을 공부할 때 한 번, 사회를 공부할 때 또 한 번, 영어 단어를 외울 때 다시 한번. 즉, 공부 방법을 여러 번 고민하게 되는 것입니다. 이런 사고 훈련은 계획이 있을 때만 가능합니다.

실제로 벼락치기를 하는 학생들은 과목별 점수의 편차가 큰 경우가 많습니다. 반면 계획을 세워 공부하는 아이들은 과목별 성적의 편차가 비교적 안정적입니다. 계획은 공부량을 효율적으로 관리하도록 도와줄 뿐 아니라, 공부에 필요한 질적인 역량까지 함께 키워 주기 때문입니다.

완전한 계획이 힘들다면 가벼운 '반쪽' 계획부터

＊

종규 같은 아이들에게 계획을 세우자고 하면 "지키지도 못할 건데 세워서 뭐 해요?"라며 반발하는 경우가 많습니다. 막상 시켜 보면 제대로 계획을 세우지도 못합니다. 이런 아이에게 계획을 억지로 요구하면 오히려 역효과가 날 수 있습니다. 저는 이런 경우 '반쪽 계획'이라는 방법을 권합니다.

반쪽 계획이란 시간을 중심으로 촘촘하게 일정을 짜는 대신, 아이 스스로 우선순위를 정하고 그에 맞춰 공부를 시작하도록 하는 방식입니다. 예를 들어 저는 종규에게 시험을 잘 보고 싶은 과목 세 개만 고르게 한 뒤, 그중에서 가장 먼저 공부할 과목을 정하게 했습니다. 시간을 기준으로 세밀하게 계획을 세우는 것이 '완전한 계획'이라면, 과목을 중심으로 큰 방향을 잡는 것이 '반 계획'입니다.

아이 스스로 어떤 과목을 먼저 공부할지를 고민하는 것만으로도 계획의 효과는 충분히 나타납니다. 이 과정에서 과목의 난이도, 시험 범위, 챙겨 봐야 할 유인물, 필요한 문제집 등이 자연스럽게 떠오르기 때문입니다. 아이는 복잡한 계획표를 만들지 않아도 부담 없이 시험 준비를 시작할 수 있습니다.

다만 첫 과목은 부모가 가볍게 방향을 잡아 주는 것이 좋습니다. 저는 종규에게 가장 까다로운 과목부터 공부해 보자고 권했습니다. 어려운 과목을 먼저 끝내면 마음이 훨씬 가벼워지고 "어려운 것도 해냈다"는 효능감이 이후 공부에도 긍정적인 영향을 주기 때문입니다. 예를 들어 월요일에 가장 어려운 과목을 마치면 자신감이 생기고, 그 기세가 이후 공부로 자연스럽게 이어집니다.

주간 계획을 세울 때는 소단원을 기준으로 구성하는 방법이 효과적입니다. 예를 들어 첫째 주에는 수학 1단원, 영어 1단원, 국어 1단원을 마치고, 둘째 주에는 과학과 사회 1단원을 진행하는 식입니다. 이렇게 계획하면 빠뜨리는 부분 없이 정해진 분량을 꾸준히 마칠 수 있습니다.

이처럼 큰 틀의 주간 계획이 세워지면 하루에 해야 할 공부량도 자연스럽게 보이기 시작합니다. 무엇을 언제 해야 할지 스스로 판단할 수 있게 되면서, 아이는 점차 자기 주도적으로 공부를 이어갈 수 있습니다.

계획을 세울 때 놓치기 쉬운 함정

초등학생들은 아직 깊이 사고하는 힘이 충분히 자라지 않은 시기라 숙제 시간을 짧게 잡는 경우가 많습니다. 그러다 보니 숙제를 대충 끝내고 넘어가기도 합니다. 이 때문에 많은 부모님이 속을 태웁니다. 아이가 숙제를 후다닥 끝내려 한다면, 한 번 제동을 걸어 줄 필요가 있습니다.

처음 아이가 숙제하는 모습을 지켜볼 때는 이렇게 물어보세요. "이 숙제 마치는 데 몇 분 정도 걸릴 것 같니?", "지금이 2시 30분인데 3시 10분까지는 끝낼 수 있을까?"

아이들이 대략적인 예상 시간을 말하면, 어머님은 그 시간을 노트에 적어 두고, 타이머로 실제 숙제에 걸린 시간을 기록해 보세요. 이렇게 하면 아이가 예상한 시간과 실제로 걸린 시간의 차이를 확인할 수 있습니다.

한 가지 더 도움되는 방법이 있습니다. 과제가 끝날 때까지 기다렸다가 완료 시간을 기록하기보다 30분 단위로 타이머를 멈추고 그때까지 진행된 숙제 진도를 확인하는 방식입니다. 예를 들어 30분 동안 열 문제를 풀 것으로 예상했는데 실제로는 여섯 문제만 풀었다면, 남은 분량을 마치는 데 얼마나 걸릴지 비교적 정확하게 예측할 수 있습니다. 이런 식으로 기록을 남기다 보면 과제마다 걸리는 단위 시간을 파악할 수 있고, 계획을 세울 때도 훨씬 정확해집니다.

"나는 오늘 수학 문제집을 다 풀었어"라고 말하는 아이와 "나는 수학 문제집 네 페이지를 푸는 데 2시간 30분이 걸렸어"라고 말하는 아이가 있다면, 누가 공부를 더 잘할 가능성이 높을까요? 당연히 후자입니다. 공부에서는 자기 속도를 아는 것이 무엇보다 중요합니다. 아이 스스로 공부에 걸리는 시간을 파악하기 시작하면 학습 효율도 자연스럽게 높아집니다.

물론 간혹 시간이 오래 걸려 숙제를 다 하지 못하는 날도 생길 수 있습니다. 그렇다고 쉬는 시간까지 모두 숙제하는 데 쓰는 것은 바람직하지 않습니다. 아이가 쉴 시간은 충분히 주되, 숙제를 하는 동안 예전보다 얼마나 빨라졌는지를 살펴보는 것이 더 중요합니다. 이런 과정을 통해 아이는 점차 자신의 공부 리듬을 만들어 가게 됩니다.

지나친 계획은 아이를 무너뜨린다

＊

초등학교 6학년 지연이는 완벽주의 성향이 강한 아이입니다. 하고 싶은 것도 많고 실제로 하는 일도 많습니다. 시험 기간이 되면 한 달 동안 하루에 네 시간도 채 자지 않을 만큼 계획을 빼곡하게 세웁니다. 문제는 스스로 만족할 줄 모른다는 점입니다.

지연이는 늘 현실적으로 불가능한 계획을 세우고 그것이 그대로 이루어지기를 바랍니다. 그러다 보니 한 번도 목표를 달성했다고 느껴 본 적이 없습니다. 계획한 만큼 따라가지 못했다는 실패 경험만 쌓였습니다. 그 결과 지연이는 항상 자신이 없고 친구들보다 뒤처진 것 같은 열등감에 빠져 있었습니다.

지연이의 마음속에는 '나는 이렇게 노력해도 안 되는데

왜 저 친구는 잘할까' 이런 생각이 자리 잡고 있습니다.

다른 아이들은 하나의 목표에 집중해 얻은 성과이지만, 지연이의 눈에는 자신이 갖고 싶은 결과를 그 친구가 가졌다는 사실만 보입니다. 이런 생각이 반복되다 보니 교우 관계도 원만하지 않았습니다.

지연이와 면담을 해 보니 성적 자체는 비교적 좋은 편이었습니다. 하지만 성적에 비해 자존감이 매우 낮았습니다. 공부가 즐거울 리 없었습니다. 지연이에게 공부는 자신을 작고 초라하게 느끼게 하는 일이었기 때문입니다.

참 안타깝습니다. 지연이와 같은 모습은 탐사가 유형의 아이들에게서 종종 나타납니다. 부모님 입장에서도 무턱대고 야단치기가 어렵습니다. 누가 봐도 열심히 하는 아이인데 더 하라고 말하기가 쉽지 않기 때문입니다.

완벽주의 아이에겐 자신을 변호할 기회가 필요하다

＊

지연이처럼 욕심 많고 계획이 빼곡한 아이에게는 하고 싶은 것을 모두 나열하게 한 뒤, 당장 실행할 세 가지 과제만 선택하도록 제한하는 방법이 효과적입니다. 그리고 그 세 가지 중 하나라도 성공적으로 해냈다면 아이에게 스스로를 칭찬할 기회를 반드시 주어야 합니다. 이런 아이들은 자신에게 지나치게 인색하기 때문에 근거 없는 자신감을 조금 키워 준다고 해서 오만해지거나 나태해지지 않으니, 아이가 성취를 기쁘게 표현할 수 있는 분위기를 만들어 주는 것이 좋습니다.

자아 존중감을 수치로 정확히 측정할 수는 없지만, 여러 아이들을 만나 보면 또래 아이들이 지닌 자존감의 평균 수준은 어느 정도 가늠할 수 있습니다. 지연이는 그 평균에 한참 못 미치는 상태였습니다. 자신에게 지나치게 높은 점수를 주는 것도 건강한 모습은 아니지만, 지연이처럼 자신에게 지나치게 인색한 태도는 더 큰 문제를 만들 수 있습니다.

아이들에게 '근자감'은 단순히 근거 없는 자신감을 의미하지 않습니다. 앞으로 더 큰 일을 해낼 수 있게 만드는 추진력이 됩니다. 그래서 아이의 기를 살리는 방향으로 계획을 세우고, 작은 성취라도 이루었다면 충분히 격려해 주는 것이 중요합니다.

특히 계획대로 공부가 되지 않았을 때가 중요합니다. 이럴 때는 아이를 다그치기보다 "오늘 분량이 너무 많았던 건 아닐까?", "컨디션이 좋지 않았던 건 아닐까?" 하고 함께 원인을 돌아봐 주세요. 아이가 스스로 자신을 변호할 수 있는 근거를 찾도록 도와주는 것입니다. 완벽주의 성향의 아이들에게는 이런 '숨 쉴 구멍'이 꼭 필요합니다. 그래야 자책이나 열등감에 빠지지 않습니다.

이렇듯 계획은 아예 세우지 않아도, 지나치게 많이 세워도 문제가 됩니다. 집을 짓기 위해 값비싼 대리석을 잔뜩 주문해 놓았더라도 설계도가 없다면 제대로 사용할 수 없듯이 공부도 마찬가지입니다. 아이가 아무리 지능이 뛰어나도 계획 없이 공부하면 효율적으로 학습하기 어렵고 성취감을 느끼기도 힘듭니다. 결국 계획은 학습을 떠받치는 기초 설계도와 같은 역할을 합니다. 이 점만 기억해도 아이의 공부를 지도하는 과정에서 겪는 많은 어려움을 줄일 수 있습니다.

시험 불안증을 막아 주는 일정·개념·유형 계획법

공부가 가장 잘되는 '황금 시간대'를 찾는 일은 부모님의 도움이 꼭 필요한 부분입니다. 먼저 자녀의 신체 리듬과 에너지 수준, 그리고 공부의 난이도에 따라 언제 무엇을 공부하면 좋을지 아이와 함께 의논하는 시간을 가져야 합니다. 이 과정이 매우 중요합니다.

많은 아이가 부모님이 시키는 대로 공부할 뿐, 왜 그렇게 하는 것이 좋은지까지는 생각하지 않습니다. 아직 자기 주도적으로 사고하는 습관이 자리 잡지 않았기 때문입니다. 그래서 부모님은 아이에게 여러 번에 걸쳐 설명해 줄 필요가 있습니다. 예를 들어 "이 시간에 공부하면 두뇌가 더 잘 자극돼서 효율이 높대", "컨디션이 좋지 않은 날에는 가장 집중이 잘되는 시간에만 하자"라고 말해 주는 것입니다.

이런 대화를 반복하다 보면 아이와 자연스럽게 공부 시간을 조율할 수 있습니다. 학교에서 돌아오자마자 숙제를 할지, 아니면 자료만 먼저 모아 두었다가 집중이 잘되는 밤에 공부할지 등 아이에게 맞는 공부의 황금 시간대를 함께 찾아갈 수 있습니다.

아이가 가장 공부 잘되는 시간대를 알아보고 싶은 부모님들을 위해 다음의 문진표를 마련했습니다.

공부 선호도 조사

1. 공부하기 가장 좋은 시간은 언제인가요?
 a. 아침　　　b. 방과 후 바로　　　c. 저녁　　　d.기타 ( )

2. 공부가 가장 잘 되는 장소는 어디인가요?
 a. 조용한 방　　　b. 재미있는 물건이 있는 곳 근처
 c. 부모님 옆　　　d. 기타 ( )

3. 어느 정도의 소음이 집중력에 도움이 되나요?

    a. 아주 조용한 상태

    b. 가벼운 백색 소음(의도적으로 만들어진 소음)

    c. 큰 음악 소리

4. 어떤 조명이 공부하기 가장 좋은가요?

    a. 밝고 화려한 색의 조명   b. 부드럽고 은은한 조명

    c. 상관없다   d. 기타 (　)

5. 공부를 시작하는 가장 효과적인 방법은 무엇인가요?

    a. 쉬운 과목부터 한다

    b. 가장 어려운 것부터 시작한다

    c. 모든 숙제를 검토한 다음 결정한다

    d. 기타 (　)

6. 얼마나 오랫동안 집중해서 공부할 수 있나요?

    a. 15~20분   b. 20~45분   c. 45~90분   d. 기타 (　)

7. 얼마나 쉬는 것이 좋다고 생각하나요?

    a. 매시간 10~15분

    b. 한 번에 오래 하고 30분 휴식

    c. 학습이 끝날 때까지 쉬지 않는다

    d. 기타 (　)

8. 도움이 필요할 때는 어떻게 하나요?

    a. 부모님께 말한다   b. 친구에게 전화한다

    c. 부모님이 먼저 체크해 준다   d. 짜증 내거나 그만둔다

공부 리듬을 살피는 주간 일정 점검

✳

이 설문에 답하다 보면 평소 아이나 부모가 미처 생각하지 못했던 공부 습관을 발견할 수 있습니다. 예를 들어 '우리 아이는 과제가 끝나기 전까지는 쉬는 것을 좋아하지 않는구나', '공부가 잘 풀리지 않으면 친구에게 도움을 청하는구나'처럼 아이가 문제를 해결하는 방식과 학습 태도에 대한 단서를 얻을 수 있습니다.

이렇게 8가지 질문에 대한 답을 바탕으로 숙제를 위한 일일 계획과 주간 계획을 세우면 됩니다. 이때 몇 가지를 함께 살펴보는 것이 좋습니다. 먼저 일주일 동안의 전체 일정을 점검해 보세요. 학원 수업뿐 아니라 아이가 좋아하는 놀이 활동도 포함해야 합니다. 일정이 지나치게 몰린 주간이 있다면 무엇을 줄일지 아이와 함께 의논하는 시간이 필요합니다.

이 과정에서 부모님의 뜻만 일방적으로 관철하려 해서는 안 됩니다. 특히 학원을 더 보내기 위해 학교 숙제를 줄이는 방식은 효과적이지 않습니다. 오히려 학습 의욕을 떨어뜨려 아이를 수동적인 학습자로 만들 수 있으니 주의해야 합니다.

제 경험상 능동적으로 공부하는 아이일수록 시간 감각이 또렷합니다. 예를 들어 글쓰기 과제를 하는 데 30분 정도 걸릴 것이라고 스스로 판단하는 것이 바로 시간 감각입니다. 이러한 감각은 아이가 계획을 세우고 실행한 뒤, 그 결과를 함께 점검하는 과정을 통해 자연스럽게 길러질 수 있습니다.

시험 불안증을 방지하는 개념 정리

*

아이들은 모의고사처럼 큰 시험이든 특정 과목 시험이든, 시험 불안증을 감기처럼 앓는 경우가 많습니다.

하지만 계획을 잘 세우면 이러한 불안도 충분히 극복할 수 있습니다. 실제로 클리닉에 찾아오는 아이들을 보면 다른 과목은 괜찮은데 유독 한 과목, 예를 들어 수학 시험을 칠 때만 긴장해서 제 실력을 발휘하지 못하는 경우가 적지 않습니다.

만약 자녀에게 이런 모습이 보인다면 먼저 아이가 유독 힘들어하는 과목이 무엇인지 파악한 뒤, 그 과목에서 자주 등장하는 핵심 개념이 제대로 형성되어 있는지 점검하는 것부터 시작해야 합니다.

영어는 말할 것도 없고 국어 역시 어휘의 양이 성적과 직결되는 경우가 많습니다. 시험 과목이 수학이라면 '수학적 어휘력'이 충분한지, 과학이라면 기본 공식이나 용어를 정확히 알고 있는지 확인하는 과정이 필요합니다.

그래서 평소 공부하는 중간중간 과목별 어휘 테스트를 계획해 두면 큰 도움이 됩니다. 많은 부모님이 이 부분을 간과하지만, 교과서에 등장하는 어휘와 용어만 제대로 이해해도 오답 노트에 적히는 문제의 수가 눈에 띄게 줄어듭니다. 문제를 풀기 전에, 먼저 문제를 이해할 수 있는 언어가 준비되어 있어야 하기 때문입니다.

따라서 부모님은 아이가 문제를 해결하는 데 필요한 용어·개념·단어를 정확히 이해하고 있는지 꾸준히 점검해 주셔야 합니다. 문제 풀이 연습은 개념이 자리 잡은 뒤에 해도 늦지 않습니다.

용어(개념) 이해 ⋯▸ 질문 이해

용어(개념) 이해 ⋯▸ 문제 풀기

이 원칙을 부모님도 기억해 두시면 시험 일정이 잡혔을

때 개념 정리를 놓치지 않고 지도할 수 있습니다. 기본 개념이 정리된 이후에는 문제를 푸는 전략을 아이와 함께 연습해 보는 것도 좋습니다. 때로는 모의고사처럼 시간을 정해 문제를 풀게 하면 긴장감도 낮아지고, 아이 스스로 무엇을 모르는지, 어디를 더 보완해야 하는지도 한눈에 파악할 수 있어 큰 도움이 됩니다.

유형을 알아야 문제 이해가 시작된다

*

아이가 초등학생이라면 수학 교과서에 나오는 연습 문제의 숫자만 바꾸어 풀게 하거나, 전혀 다른 문제집의 일부 문제를 풀게 하는 것도 좋습니다. 가지고 있는 문제집의 일부를 복사해 활용하는 방법도 도움이 됩니다. 이렇게 하면 문제의 형태는 비슷하지만 내용이 조금씩 달라져 아이의 집중력을 높일 수 있습니다.

학년이 올라갈수록 아이들은 교과 내용을 '눈으로는 읽지만 마음으로는 이해하지 못하는' 경우가 많아집니다. 부모님들 역시 책을 읽다가 분명 두 페이지를 읽었는데도 내용이 낯설게 느껴진 적이 있을 것입니다. 물리적으로는 읽었지만, 머릿속에 의미가 남을 만큼 깊이 이해하지 못했기 때문입니다. 이것이 바로 눈으로만 읽고 마음으로는 읽지 않은 독서 습관입니다.

아이들도 마찬가지입니다. 교과 내용이 복잡해질수록 시험 문제 역시 점점 길어지고 복잡해집니다. 한 문제를 이해하고 푸는 데 시간이 많이 걸리게 되고, 결국 문제의 의미를 제대로 파악하지 못한 채 답을 찍고 나오는 경우도 적지 않습니다. 아이들에게 물어보면 문제의 유형이 무엇인지, 어떻게 접근해야 할지 감이 오지 않았다고 말합니다.

이럴 때는 아이가 여러 유형의 문제를 경험할 수 있도록 계획적으로 연습시키는 것이 필요합니다. 시중에는 '유형별 문제집'이 많이 나와 있지만, 아이들 대부분 이런 기준을 고려하지 않고 문제를 풀기만 합니다.

이 문제를 보완하는 방법으로 '단어장(카드)'을 활용한 유형 정리 전략을 추천합니다. 아이가 공부할 때 단어장과 문제집을 함께 두고, 문제집에서 대표적인 문제를 골라 카드 앞면에는 문제를 적고 뒷면에는 그 문제가 어떤 유형에 해당하는지 기록하게 합니다. 그리고 왜 그 유형이라고 판단했는지 스스로 근거를 적어 보게 하는 것이 중요합니다.

이 과정을 반복하면 아이는 자연스럽게 문제의 유형에

관심을 갖게 되고, 문제를 단순히 푸는 데서 그치지 않고 문제를 분석하는 힘을 기르게 됩니다.

• ○ •

문제를 아는 것과 푸는 것은 다릅니다.

문제를 안다는 것은 개념과 원리를

말로 설명할 수 있을 정도로 이해했다는 뜻입니다.

반면 문제를 푼다는 것은 눈에 익은 문제를 기술적으로

해결하거나 간단한 스킬로 답만 맞힌 것일 수도 있습니다.

이 둘을 구분하지 못하면 아이가 문제를 잘 푼다는

이유만으로 제대로 이해했다고 착각하기 쉽습니다.

학습의 법칙

- 공부 기복 없는 아이로 키우는 법

공부를 망치는
두 가지 읽기 습관

학습 클리닉의 문을 두드리는 아이들을 보면 읽기와 독해 능력에 어려움을 겪는 경우가 많습니다. 초등학교 5학년 승준이도 처음에는 그저 책 읽기를 싫어하는 아이로 보였습니다. 하지만 대화를 나누다 보니 단순히 책을 싫어하는 것이 아니라, 사실은 '책을 제대로 읽기 힘들어하는 아이'였습니다. 철자를 모르는 것도 아니고 난독증이 있는 것도 아니었지만, 처음 만났을 때 승준이는 교과서를 세 줄 이상 이어서 읽지 못했습니다. 성적 역시 과목별로 20~30점을 넘지 못하는 최하위권이었습니다.

검사를 진행해 보니 기초적인 언어 능력은 정상이었고 언어적 잠재력도 비교적 우수한 편이었으나 읽기에 필요한 언어적 주의력이 약했고, 어휘력과 표현력은 보통에서 약간 낮은 수준이었습니다. 종합해 보면 5학년이지만 어휘력과 이해력은 2학년 수준에 가까워 교과서 내용을 제대로 이해하지 못하고 있었습니다. 특히 한국사나 사회 과목은 승준이에게 큰 부담이었습니다.

승준이 어머님께서는 아이가 어릴 때부터 독서를 거의 해 본 적이 없다고 말씀하셨습니다. 그 이야기를 듣고 나서야 승준이의 상태가 이해되었습니다. 승준이처럼 언어 능력 자체가 부족하지 않더라도 독서 경험이 부족하면 기초 어휘력은 물론 이해력, 연상 능력, 추론 능력이 충분히 발달하지 못합니다. 이러한 상태로는 개념이나 문장을 이해하는 데 어려움을 겪을 수밖에 없습니다.

책을 펼쳤을 때 보이는 곳부터 읽는 습관

✳

승준이에게 사회 시간에 배운 내용 가운데 기억에 남는 것을 말해 달라고 했더니, 마침 들고 있던 사회 교과서를 넘기며 대뜸 "평탕책"이라고 답했습니다.

'탕평책'을 '평탕책'이라고 잘못 말한 것이었습니다. 제가 갑자기 질문을 던져 긴장했을 수도 있지만, 이야기를 나눠 보니 승준이에게는 '단원이 시작되는 부분부터 읽는다'는 개념 자체가 없었습니다. 지금까지 책을 처음부터 끝까지 읽어 본 경험이 거의 없었기 때문입니다. 대충 책을 훑다가 필기가 크게 되어 있는 부분이나 눈에 띄는 페이지부터 공부하는 식이었습니다. 저는 이런 읽기 습관을 '뽑기식 읽기'라고 부릅니다. 마치 뽑기하듯 운에 맡기는 식으로 읽는 습관을 말합니다.

이 부분은 많은 부모님이 놓치기 쉽습니다. 아이가 책상 앞에 앉아 책을 보고 있으면 공부를 하는 것처럼 보이지만, 실제로 책을 어떤 방식으로 읽고 있는지 부모님은 알기 어렵습니다. 승준이뿐 아니라 아이들 상당수가 책을 처음부터 끝까지 읽는 습관이 몸에 배어 있지 않습니다.

"아니에요, 우리 아이는 꼼꼼하게 읽어요"라고 말하고 싶으실지도 모르겠습니다. 하지만 실제로 아이들을 보면 단원명이나 학습 목표가 적혀 있는 부분은 대체로 건너뜁니다. 새로운 단원이 시작될 때마다 단원명이 큰 글씨로 적혀 있는 페이지가 있는데, 여백이 많고 글자가 적다 보니 아이들 대부분 그 페이지는 읽지 않아도 된다고 생각하고 바로 본문으로 넘어갑니다. 부모님들도 이 부분을 쉽게 지나치기 때문에 한 번쯤 점검해 볼 필요가 있습니다.

다시 승준이 이야기로 돌아가 보겠습니다. 제가 "평탕책이 뭐니?"라고 묻자 승준이는 "편당만 짓고 남과 두루 친하지 못한 것은 소인배의 사사로운 마음이다"라며 교과서 문장을 그대로 읽었습니다. 그러나 '편당'이나 '소인배' 같은 단어의 뜻은 제대로 이해하지 못하고 있었습니다.

모르면서 안다고 착각하는 지레짐작 습관

*

승준이에게 다른 내용을 기억나는 대로 말해 보라고 하자 이번에는 "아! 삼신제"라며 큰 소리로 대답했습니다. 교과서를 살펴보니 무엇인가를 썼다가 지운 흔적이 곳곳에 남아 있었고, 흐릿하고 삐뚤어진 글씨로 '삼심제三審制', '서적 편찬 속대전' 같은 단어들이 적혀 있었습니다. 승준이에게 이건 무슨 필기냐고 물어보니 "학원 선생님이 적어준 건데요"라는 답이 돌아왔습니다. 교과서를 제대로 읽지 않은 채 학원 선생님이 칠판에 적어 준 필기만 보고 답을 한 것이었습니다. 그러니 '삼심제'를 계속 '삼신제'라고 잘못 말할 수밖에 없었습니다.

승준이에게 교과서를 큰 소리로 읽어 보라고 하자 어려운 단어가 나올 때마다 버벅거리며 읽기 속도가 급격히 느려졌습니다. 승준이처럼 어휘력이 부족한 아이들은 책을 읽다가 모르는 단어가 나오면 먼저 뜻을 찾아보도록 지도하는 것이 좋습니다.

그래서 저는 어휘 공부부터 시작하기로 했습니다. '탕평'이라는 단어가 '어느 편에도 치우치지 않고 공평하게 대한다'는 의미를 지니며 그것이 어떤 정책을 가리키는지 이해하도록 도왔습니다. '삼심제' 역시 '세 번 심판하는 제도'라는 식으로 한자어의 뜻을 풀어 설명해 주었습니다.

만약 '탕평책'이나 '삼심제' 같은 단어를 처음 접했다면 승준이는 긴장해서 내용을 더 자세히 살펴보고 제대로 암기하려 했을 것입니다. 그러나 아이 입장에서는 학원에서 교과 진도를 먼저 나가다 보니 이미 알고 있는 내용이라고 착각하기 쉬웠습니다.

이처럼 지레짐작하며 공부하는 습관은 선행 학습에서 자주 나타나는 대표적인 역기능입니다. 겉으로는 아는 것처럼 보이지만 실제로는 지식을 절반만 이해한 상태가 되기 때문입니다.

맥락 없이 외우기만 하는 기계식 공부 습관

*

또 하나 고쳐야 할 습관은 기계적으로 공부하는 방식입니다. 우등생들은 교과서 내용을 단순히 외우지 않습니다. 예를 들어 탕평책을 배울 때도 왜 그 정책이 시행되었는지, 어떤 역사적 맥락 속에서 등장했는지까지 이해하려고 합니다. 이렇게 맥락을 파악하며 공부하기 때문에 학습이 자연스럽게 자기 주도적으로 이루어집니다.

반면 승준이 같은 아이들은 탕평책이 왜 영조의 업적으로 평가되는지, 삼심제가 어떤 목적을 가진 제도인지 같은 맥락을 살피는 데 익숙하지 않습니다. 교과서 내용을 그대로 받아들이는 수동적인 학습에 머무르게 되는 것입니다.

그래서 아이들은 종종 "책 내용이 어려워서 잘 외워지지 않아요"라고 말합니다. 아무리 반복해서 암기해도 금세 잊어버리니 공부는 점점 어렵고 부담스러운 일이 됩니다. 이런 경험이 반복되면 아이는 결국 '나는 공부를 못하는 열등생이야'라는 부정적인 인식을 갖게 됩니다.

대부분 공부에서 손을 놓는 아이들이 겪는 과정은 다음과 같은 악순환을 따릅니다.

잘못된 학습 방법

↓

반복적인 실패

↓

공부를 싫어하는 감정

↓

자신을 열등생으로 인지

(*이 결과로 성적이 떨어지거나 반에서 하위권인 등수)

어떠신가요? 아직도 성적과 등수라는 결과만 보이시나요? 이제는 괄호보다 악순환 과정에 먼저 시선이 가기를 바랍니다. 부모님이 이 악순환의 고리를 이해해야 성적 문제를 겪는 자녀의 속이 실제로 얼마나 곪아 있는지 예상할 수 있기 때문입니다.

읽기 언어와 말하기 언어는 다릅니다

"인생을 살아가기 위해서는 엄지손가락 하나에서 다섯 손가락으로 진화하는 것만큼의 용기가 필요하다"는 말이 있습니다. 이 말을 아이들의 성장에 비유해 보면, 엄지손가락은 아직 자라고 있는 아이들이고 다섯 손가락은 이미 성장의 단계를 지나온 어른이라 할 수 있습니다.

아이들이 한 개의 손가락에서 다섯 개의 손가락으로 진화해 가는 과정은 결코 쉽지 않습니다. 성장하기에도 바쁜 시기에 공부까지 짊어지고 있는 모습을 보면 안타까운 마음이 들 때가 많습니다.

저는 이 비유를 공부에도 적용해 보곤 합니다. 엄지손가락이 '읽기'라고 할 수 있겠습니다. 읽기 능력이 갖춰져야 다른 능력들이 파생되어 자라난다는 사실은 굳이 길게 설명하지 않아도 될 것입니다.

다만 한 가지 짚고 넘어갈 점이 있습니다. 말하기 언어와 읽기 언어는 같지 않습니다. 말을 잘한다고 해서 반드시 책을 읽고 이해하는 능력까지 뛰어난 것은 아닙니다. 두 능력이 비슷한 수준으로 성장해야 아이의 나이에 맞는 언어 능력이 제대로 형성됩니다.

하지만 요즘 아이들을 보면 말하기 언어와 읽기 언어 사이의 격차가 큰 경우가 많습니다. 특히 초등학생들의 경우, 평소 말하는 능력과 시험에서 요구되는 언어 능력 사이에 상당한 간극이 느껴집니다. 그래서 이 둘을 이어 주는 연습이 필요합니다. 자신의 생각을 말로 표현해 보는 과제를 반복하거나 독서를 꾸준히 하는 것만으로도 충분히 보완할 수 있습니다.

독서는 단어에 담긴 감수성, 주어와 서술어의 호응, 조사와 접속사를 사용하는 감각 등 언어의 다양한 요소를 자연스럽게 길러 줍니다. 아이들이 말할 때 보여 주는 어휘력과 문장 구성 능력 역시 대부분 독서에서 비롯됩니다. 학년이 올라갈수록 말하기는 점점 더 섬세해지고, 독서량에 비례해 언어 능력도 함께 성장합니다. 이 시기에 아이들이 새롭게 익히는 단어와 표현 역시 대부분 독서를 통해 얻어지는 것들입니다.

읽기 발달 과정 6단계

읽기가 모든 학습의 기초가 되다 보니 부모님은 아이의 말이 조금 늦거나 책을 서툴게 읽기만 해도 "우리 아이가 더딘 건 아닌가요?"라며 예민하게 반응하곤 합니다. 하지만 이런 불안은 읽기의 발달 단계를 잘 알지 못해서 생기는 걱정인 경우도 적지 않습니다.

이제부터 읽기의 발달 과정을 간단히 정리해 보겠습니다. 일반적으로는 6단계로 설명됩니다. 여기서 언급하는 나이는 평균을 말한 것일 뿐 절대적인 기준이 아니라는 점을 꼭 기억해 주시기 바랍니다.

Jeanne S. Chall(1983)

1단계: 읽기 전 단계

대략 6세까지가 여기에 해당합니다. 아이들은 이 시기에 '말하기 조절 능력'을 획득합니다. 즉, 자신이 내고 싶은 소리를 의도적으로 낼 수 있게 되고, 단어가 여러 소리가 모여 이루어진다는 사실을 알아차리기 시작합니다. 또한 문자 기호를 인식하기 시작하며, 글자와 단순한 끄적거림의 차이도 구분하게 됩니다.

2단계: 해독 단계

초등학교 1·2학년 시기에 해당합니다. 아이들은 한글의 철자와 발음이 어떻게 짝을 이루는지 확실히 이해하게 됩니다. 또한 철자에 따라 발음이 어떻게 달라지는지도 점차 알아차립니다. 이 단계가 끝날 무렵에는 문자 체계에 대한 기본적인 이해가 대부분 완성됩니다.

3단계: 유창한 읽기 단계

대략 초등학교 3학년까지가 여기에 해당합니다. 아이들은 이전 단계에서 익힌 읽기 기술을 훨씬 능숙하게 활용하며, 읽기 속도와 유창성도 크게 향상됩니다. 이 시기에는 '맥락'을 활용해 읽는 능력이 생깁니다. 이야기의 흐름을 바탕으로 다음에 어떤 단어나 내용이 올지 예측하면서 읽기 때문에 해독 속도도 자연스럽게 빨라집니다.

4단계: 새로운 내용을 배우는 단계

대략 10~14세 사이에 해당합니다. 읽기를 통해 새로운 정보를 얻고 지식을 확장하는 단계입니다. 이 시기부터 아이들은 읽기를 단순한 기술이 아니라 학습의 도구로 사용하기 시작합니다.

5단계: 다양한 관점으로 바라보는 단계

고등학교를 마치는 약 18세까지가 여기에 해당합니다. 이 단계에서는 글의 내용을 이해하는 데서 더 나아가 여러 관점에서 내용을 비교하고 해석하는 능력이 발달합니다.

6단계: 자신만의 관점을 정립하는 단계

대학교 시기의 읽기가 여기에 해당합니다. 가장 높은 수준의 읽기 단계로, 글을 통해 자신의 가치관을 형성하고 비판적으로 사고하며 읽는 능력이 발달합니다.

책 읽기가 힘든 아이들을 위한 유형별 지도법

＊

읽기의 유창함은 단순히 글자를 빠르게 읽는 능력이 아니라, 다양한 상황을 떠올리고 맥락을 이해하는 능력과도 연결됩니다. 이러한 유연한 사고가 가능하려면 무엇보다 긴장 완화와 자신감이 중요합니다. 자신감이 있어야 아이는 책 읽기를 즐기고 자신의 생각을 표현하려 하기 때문입니다.

초등학교에 들어가면 보통 하루 30분 정도 독서를 하도록 지도합니다. 학교에서는 적절한 난이도의 책을 정해 주거나 필독 도서를 제시하기도 합니다. 이러한 책들은 어휘력을 늘리는 책, 비판적 사고를 키우는 책, 독후감 쓰기에 적합한 책 등 다양한 기준으로 구성되어 있습니다.

대체로 초등학교 4·5학년이 되면 아이들은 책을 읽은 뒤 내용이나 느낌에 대해 반응을 보이기 시작합니다. 독서를 하나의 창작 활동으로 인식하기 시작하는 시기이기 때문입니다. 그리고 5·6학년이 되면 책을 읽고 글로 표현하는 훈련도 본격적으로 이루어집니다.

이처럼 독서를 요구받는 환경에서 읽기가 뜻대로 되지 않으면 아이들은 큰 스트레스를 받습니다. 특히 읽기를 잘하지 못한다는 수치심은 공부에 대한 자신감을 떨어뜨릴 수 있으므로 세심한 도움이 필요합니다.

그런데 아이들이 책을 유창하게 읽지 못하는 데도 유형이 존재한다는 사실을 아시나요? 아이가 어디에서 어려움을 겪는지 살펴보고 그에 맞게 도와주면 읽기 능력을 훨씬 효과적으로 향상시킬 수 있습니다.

단어 해독이 어려운 경우

단어 자체를 잘 읽지 못하는 경우에는 S-R-Q 방식으로 지도할 수 있습니다.

- 멈추기Stop : 모르는 단어가 나오면 잠시 멈춘다
- 읽기Reading : 문장을 다시 읽어 본다
- 질문하기Question : "내가 제대로 읽은 걸까?" 스스로 확인한다

이때 아이가 단어를 읽지 못했다는 사실 때문에 수치심을 느끼지 않도록 격려하는 것이 중요합니다.

읽기 유창성이 부족한 경우

아이가 문장의 리듬을 살리지 못한다면, 아이 수준보다 조금 쉬운 책을 읽게 해 보는 것이 좋습니다. 책의 난이도가 맞지 않으면 글자를 해독하는 데 집중하느라 문장의 리듬이나 흐름까지 신경 쓸 여유가 없기 때문입니다.

책의 수준이 적절한지 알아보기 위해서는 본문에서 몇 개의 어려운 단어를 골라 아이가 알고 있는지 확인해 보면 됩니다. 아이가 단어의 의미를 충분히 이해하고 있다면, 문장의 끊어 읽기와 읽기 속도도 자연스럽게 좋아지게 됩니다.

글의 의미를 잘 이해하지 못하는 경우

책에서 의미를 찾지 못해 독서를 주저하는 아이에게는 짧은 글을 함께 읽고 내용에 관해 대화하는 방법이 효과적입니다. 책을 읽기 전에 제목이나 표지를 보며 이야기를 나누는 것도 이해를 돕는 좋은 방법입니다.

교과서 어휘에 약한 경우

교과서에 등장하는 단어를 어려워한다면 '단어 카드 학습'을 규칙적으로 활용해 보세요. 학교 선생님을 통해 아이에게 필요한 어휘 목록을 받아 단어 카드로 만들고, 묻고 답하는 방식으로 연습하면 독서뿐 아니라 교과 학습에도 도움이 됩니다.

이 밖에도 몇 가지 기본적인 훈련이 도움이 됩니다. 문장의 마침표나 쉼표가 어떤 역할을 하는지 알려 주고, 아이 수준에 맞는 문단을 반복해서 읽게 하는 것도 좋습니다. 반복 읽기만큼 문장과 친해지는 방법은 없습니다. 또한 TV 아나운서처럼 크고 또렷하게 읽도록 격려하면 참여도와 집중력이 높아집니다.

이러한 방법을 꾸준히 실천하면 아이의 책 읽기 자신감이 점차 높아지는 것을 확인할 수 있습니다. 아이의 변화를 알고 싶다면 정기적으로 큰 소리로 책을 읽게 한 뒤, 부모님이 들어 보세요. 목소리가 점점 또렷해지거나 더 읽고 싶어 하는 모습을 보인다면 읽기 능력이 좋아지고 있다는 신호입니다.

읽은 내용을 구조로 정리하는 힘

*

읽기 능력이 조금씩 좋아져도 모든 아이가 곧바로 '이해'할 수 있는 것은 아닙니다. 이해력이 약하다는 것은 단순히 집중력이 부족하다는 뜻이 아니라, 서로 관계 있는 내용을 골라내고 개념을 연결하는 힘이 아직 충분히 발달하지 않았다는 의미이기도 합니다. 그래서 읽기를 도와주는 것만큼, 읽은 내용을 구조로 정리하는 연습이 필요합니다. 이때 효과적인 도구가 바로 '그래픽 조직화'입니다.

이해력이 부족한 아이들은 어떤 내용이 서로 관련되어 있는지 파악하는 데 어려움을 겪습니다. 단어의 의미를 정확히 알지 못하면 개념 사이의 관계를 이해하기도 어렵습니다. 결국 어휘 이해가 부족하면 문장의 구조를 파악하기 힘들고, 이야기의 맥락을 이해하는 일도 자연스럽게 어려워집니다.

앞서 나온 승준이는 이러한 어려움을 모두 겪고 있었습니다. 저는 승준이와 함께 주의력 훈련을 진행하면서 학습 방법을 바꾸기로 했습니다. 읽기 능력을 높이기 위해 책의 수준을 초등학교 5학년에서 3학년 수준으로 낮추었습니다. 한 걸음 앞으로 나아가기 위해 잠시 뒤로 물러나는 선택이었습니다.

이후로는 핵심 내용을 파악하는 습관, 그리고 단어 하나라도 정확히 이해하고 넘어가는 습관을 기르는 것에 집중했습니다. 이러한 과정을 꾸준히 반복하면서 승준이는 혼자 교과서를 읽을 수 있게 되었고, 과목별로 학습 방법을 달리 적용하면서 성적도 점차 향상되기 시작했습니다.

힘든 시간도 있었지만 6개월 이상 꾸준히 노력한 결과, 사회를 제외한 모든 과목에서 80점 이상의 점수를 받게 되었습니다. 수학은 만점을 받았고, 국어 역시 평균 90점을 유지할 정도로 학습 능력이 향상되었습니다. 가장 어려워하던 사회 과목도 약 100페이지 분량의 내용을 스스로 요약할 수 있을 만큼 성장했습니다.

다만 한국사는 여전히 어려운 과목이었습니다. 여러 사건이 비슷한 시기에 등장하다 보니 승준이는 사건을 구분하는 데 어려움을 겪었습니다. 예를 들어 조선 후기에서 근대로 넘어가는 과정에는 갑오개혁, 갑신정변, 을미사변, 갑자사화처럼 발음도 비슷하고 네 글자로 이루어진 사건들이 등장합니다. 각각은 전혀 다른 사건이지만 승준이에게는 모두 비슷하게 느껴졌습니다.

연대별로 사건을 정리하는 데 여러 번 실패하자 승준이는 점점 짜증을 내며 건성으로 공부하기 시작했습니다. 중학교와 고등학교로 올라가면 한국사의 분량이 훨씬 많아질 텐데 걱정이 되는 부분입니다.

제가 승준이의 사례를 소개한 이유는 어릴 때부터 형성

된 독서 습관이 학교 공부에 얼마나 큰 영향을 미치는지 보여 드리기 위해서입니다. 읽기를 통해 어휘력과 이해력이 충분히 쌓이면 교과서를 읽고 내용을 구조화하는 능력도 자연스럽게 함께 성장하게 됩니다.

이해력을 높이는 그래픽 조직화

그래픽 조직화라는 개념이 다소 어렵게 느껴진다면 이 부분은 건너뛰셔도 됩니다. 그래도 필요하다고 생각하시는 분들을 위해 간단히 설명하고 넘어가겠습니다.

그래픽 조직화란, 긴 글을 읽은 뒤 내용을 분석하여 주제, 소주제, 핵심 내용을 구조로 정리하는 방법을 말합니다. 그래프, 벤 다이어그램, 도표 등이 대표적인 예입니다.

파워포인트로 PPT를 만들어 보신 경험이 있다면 이해하기 쉬울 것입니다. 슬라이드 안에서 도형이나 화살표를 이용해 내용을 보기 좋게 정리하는 그 작업이 바로 그래픽 조직화의 한 형태라고 생각하시면 됩니다.

이제 승준이가 공부했던 교과서 내용을 가지고 그래픽 조직화를 어떻게 활용하는지 살펴보겠습니다.

예시 1

영조·정조 시기의 정치와 사회 모습

1) 영조
① 탕평책: 한쪽 신하의 편을 들지 않고 다른 무리의 신하들이 골고루 벼슬을 할 수 있도록 함.
② 탕평비: 남과 두루 친하되 편당을 가르지 않는 것이 군자의 마음이요, 편당만 짓고 남과 두루 친하지 못한 것은 소인배의 사사로운 마음이다.
③ 학문과 제도 정비: 책을 편찬하고 지도를 보완하여 만듦.
④ 사형수 처벌하기 전에 세 번 조사함.
⑤ 노비도 상민이 될 수 있게 해 줌.
⑥ 백성 세금도 줄여 주었음.

2) 정조
① 왕권 강화를 위한 개혁 시행.
② 인재를 발굴하고 서얼들도 벼슬을 할 수 있도록 함.
③ 규장각 설치: 왕실 도서관으로 인재들이 모여 나랏일을 연구함.
④ 수원에 화성 건설: 군사와 상업의 중심지로 만들고자 함.

예시 2

영조·정조 시기의 정치와 사회 모습

| 영조·정조 |

정치
① 탕평책 실시: 신하들 다툼 방지, 골고루 벼슬.

② 탕평비 건립: 편당은 소인배요 남과 두루 친한 것은 군자의 마음.
  왕권 강화/개혁 정치.
  - 인재 두루 등용, 서얼 벼슬 가능.
  - 규장각 설치: 왕실 도서관, 학자들과 나랏일 토론, 조선 후기 문
    화 발달.
  - 수원 화성 건설 계획.

사회
① 문과 제도 정비: 책 편찬(속대전), 지도 보완 제작.
② 백성 도와줌:
  - 삼심제(사형수 처벌 전 세 번 조사).
  - 노비도 상민이 됨.
  - 세금 줄이기.

실제로 제가 클리닉에서 아이들을 지도할 때 사용하는 방법이기도 합니다. 같은 내용이라도 어떻게 구조화하여 정리하느냐에 따라 이해의 깊이는 크게 달라질 수 있습니다.

정리만 잘해도 공부가 하고 싶어진다

＊

요약을 하지 않고 책만 읽거나 자습서를 참고하는 방식으로도 공부는 할 수 있습니다. 하지만 내용을 요약하고 정

리하는 과정을 거치면 단순히 읽는 것보다 훨씬 깊이 이해할 수 있고, 그만큼 암기도 수월해집니다.

부모님께서는 이해와 암기가 항상 함께 움직인다는 사실을 기억해 두셔야 합니다. 그래야 아이에게 "무조건 외워!"라고 말하기보다 "어떻게 하면 더 잘 이해할 수 있을까?"라는 방향으로 공부를 지도할 수 있습니다. 이해가 먼저 이루어지면 암기는 훨씬 자연스럽게 따라옵니다.

요약이 체계적일수록 학습 효과는 더 커집니다. 예시 1과 예시 2의 차이점이 보이나요?

예시 1은 누구나 빠르게 만들 수 있는 방식의 요약입니다. 제목과 내용으로 구분되어 있기는 하지만 세부 내용이 정리되지 않아 한눈에 구조가 들어오지 않습니다. 무엇보다 하나의 주제 아래 여러 내용이 뒤섞여 있어 암기에도 불리합니다. 예를 들어 영조의 업적이 여섯 가지인데도 '탕평책, 탕평비 말고 나머지는 뭐였지?' 하고 떠올리기 어려워지는 식입니다.

반면 예시 2는 같은 내용을 영·정조 시기의 정치 제도와 사회 제도로 나누어 정리하고, 핵심 내용을 짧은 표현으로 압축해 배치한 형태입니다. 이 단계에서 이미 아이는 내용을 구조적으로 이해하기 시작합니다.

그래픽 조직화는 여기서 한 단계 더 나아갑니다. 이렇게 정리된 핵심 키워드를 다시 하나의 틀 안에 배치해, 전체 구조를 한눈에 보이도록 만드는 것입니다. 예시 2의 내용을 주제에 맞게 구분하여 사분면 형태로 정리하면, 어떤 내용

핵심 키워드에 관한 예시

영조·정조 시기의 정치와 사회 모습

	영조	정조
정치	① 탕평책: 골고루 벼슬 ② 탕평비: 편당, 군자와 소인배의 마음	① 개혁 실시 to 왕권 강화 ② 인재 발굴 → 서얼들도 벼슬할 수 있도록 함 ③ 규장각 설치: 왕실 도서관, 인재들이 모여 나랏일을 연구 ④ 수원 화성: 군사와 상업의 중심지로 만들고자 함
사회	③ 학문과 제도 정비: 책, 지도 ④ 사형수 세 번 조사(삼심제) ⑤ 노비도 상민이 될 수 있게 함 ⑥ 세금도 줄여 주었음(균역법)	

이 정치에 해당하는지, 어떤 내용이 사회에 해당하는지, 그리고 영조와 정조의 차이가 어떻게 구분되는지 한눈에 들어오게 됩니다.

딱 봐도 이렇게 정리된 구조가 훨씬 기억하기 쉽지 않습니까? 글의 주제와 핵심 내용이 명확하게 드러나 있기 때문입니다. 이것이 바로 그래픽 조직화의 장점입니다. 핵심은 내용을 줄이는 것이 아니라, 내용을 '구조로 보이게' 만드는 것입니다.

조금 민감한 학습자들은 이 단계에서 자연스럽게 관련 내용을 더 찾아보고 싶어 합니다. 실제로 교과서 본문에서는 정조의 다른 사회적 업적을 자세히 다루지 않지만, 교과서 뒤의 단원 정리에서는 '정조가 나라 발전을 위해 한 일을 더 알아봅시다'라는 질문이 등장합니다. 그래픽 조직화를 잘 활용하면 아이는 이런 질문을 스스로 떠올리게 됩니다.

이렇게 학습이 연계되고 확장되면서, 단순 암기를 넘어 이해 중심의 공부로 이어집니다. 스스로 봐도 정리가 잘되어 있다고 느끼면 계속 들여다보고 싶어지고, 공부가 꼬리에 꼬리를 물고 이어지기 때문입니다. 결국 자기 주도 학습이 자연스럽게 이루어지는 것입니다.

그래픽 조직화가 '학습법의 꽃'이라고 불리는 이유가 바로 여기에 있습니다. 이 책에서 모든 방법을 자세히 다루기에는 한계가 있지만, 그래픽 조직화를 잘하려면 큰 주제, 소주제, 핵심 개념을 구분하고 이들 사이의 관계를 파악하는 연습을 꾸준히 시켜 주는 것이 중요합니다.

글쓰기는 '재능'보다 '방법'이 좌우합니다

'글쓰기' 하면 가장 먼저 무엇이 떠오르나요?

책, 작가, 창의성, 전집, 혹은 골칫덩어리 같은 단어가 떠오를지도 모르겠습니다.

예전에 한 전업 작가와 차를 마시며 제가 이런 질문을 한 적이 있습니다. "작가에게 글쓰기란 무엇인가요?"

그러자 그분이 꽤 인상적인 답을 들려주었습니다. "계획과 실행이죠. 작가에게 글은 창의성이 아니에요. 그런 추상적인 개념으로 일을 생각하면 먹고살기 힘듭니다."

저는 이 말을 들으며 아이들의 글쓰기 과제도 마찬가지

라는 생각을 했습니다. 글쓰기는 창의성이나 특별한 재능의 문제가 아니라 방법의 문제입니다. 방법을 알고 연습하면 누구나 충분히 잘 쓸 수 있습니다.

글쓰기 지도를 어려워하는 부모님이 많습니다. 하지만 글쓰기를 '감정적인 영역'이 아니라 이성적인 작업으로 바라보면 생각보다 훨씬 쉽게 접근할 수 있습니다.

사실 글쓰기야말로 아이들이 가장 어려워합니다. 아이들이 써 놓은 글을 보면 중간에 멈춘 듯한 경우가 많습니다. 글을 쓰기 전에 사전 계획을 세우도록 도와주고, 글의 목적이 무엇인지 부모가 옆에서 가볍게 질문만 던져 주어도 글쓰기에 대한 부담은 훨씬 줄어듭니다

시작이 막힌 아이를 움직이는 레디니스 5단계

*

학습자의 준비 상태를 '레디니스Readiness'라고 합니다. 일정한 수준에 이르러야 주어진 학습을 소화할 수 있는데, 이를 위해 반드시 거쳐야 하는 과정이 바로 레디니스입니다. 글쓰기 역시 이 준비 과정이 필수입니다.

1단계: 글의 방향과 분량 점검하기

글쓰기 숙제에서는 먼저 평가 기준을 확인하는 것이 중요합니다. 선생님들이 정해 둔 기준이 있기 때문에 필요하다면 문의하는 것도 좋습니다. 간혹 좋은 예문을 보내 주시는 선생님도 있으니 그런 자료가 있다면 꼭 읽어 보시기 바랍니다.

대개 선생님은 글의 형식, 최소 분량, 제출 기한 등을 안내합니다. 이런 기본 조건만 잘 지켜도 글쓰기의 절반은 성공한 셈입니다.

또 아이가 글쓰기를 끝까지 완성하는 훈련이 되어 있는지 확인하는 것도 중요합니다. 학교에서 관련 수업을 배운 적이 있는지 먼저 살펴보세요. 수업은 했지만 아이가 이해하지 못했다면 그 부분을 다시 짚어 주어야 합니다.

특히 선생님이 단계별로 어떻게 글쓰기를 지도했는지 알아보는 것이 좋습니다. 아이의 노트나 교재를 보면 지도 방식이 기록되어 있는 경우가 많습니다. 학교에서는 보통 글쓰기의 목적을 먼저 정하도록 가르칩니다. 따라서 첫 단계는 브레인스토밍이 됩니다. 이 과정을 통해 글의 목적이 정해지면 첫 문장을 훨씬 수월하게 시작할 수 있습니다.

2단계: 글의 목적 말하게 하기

아이가 초등학교 저학년이라면 글쓰기 목적을 쇼앤텔 Show and Tell 방식으로 잡는 것도 좋습니다. 말 그대로 자신이 본 것, 경험한 것을 이야기하도록 하는 방법입니다.

부모님은 "친구들에게 어떤 이야기를 하고 싶어?", "어떤 식으로 이야기하면 가장 좋을까?", "다르게 생각해 볼 수도 있을까?" 같은 질문으로 아이의 생각을 이끌어 줄 수 있습니다.

처음에는 부모님이 질문을 던지다가 점차 아이가 스스로 질문하고 답하도록 유도하면 좋습니다. 글을 쓰기 전에 이런 질문을 통해 생각을 정리하도록 도와주세요.

글의 목적 묻기: 지금 글을 '왜' 쓰는가

· 정보를 전달하려고 하니?

· 이야기를 전달하려고 하니?

· 재미있는 글을 쓰려고 하니?

· 가능성 있는 이야기를 쓰려고 하니?

· 설득하는 글을 쓰려고 하니?

· 비교하고 대조하려고 하니?

글의 형식 묻기: '어떤 방식'으로 쓸 것인가

· 이야기 형식이니?

· 두 가지를 비교하려고 하니?

· 자기 생각을 말하고 예를 들려고 하니?

소재의 출처 묻기: '어떻게 알게 된' 내용인가

· 개인적 경험이니?

· 수업 시간에 배운 거니?

· 배경지식을 이용할 거니?

· 교과서나 참고 문헌에 나온 내용이니?

이 질문들을 참고하여 아이와 대화를 나누면 글의 방향을 잡는 데 도움이 됩니다.

3단계: 생각을 목록으로 정리하기

머릿속에 떠오른 생각을 목록으로 정리하면 글쓰기를 훨씬 쉽게 시작할 수 있습니다. 방법은 간단합니다. 부모가 질문을 던지고 아이가 답한 내용을 리스트로 정리하면 됩니다.

아이 스스로 작성해도 좋지만 글씨 쓰기가 서툰 아이는

목록 만들기를 어려워할 수 있습니다. 글을 쓰는 동안 아이의 사고 흐름이 끊기지 않도록 이때는 아이가 말하고 부모가 받아 적어도 괜찮습니다. 특히 한 번에 한 가지 일에 집중하는 탐사가 유형의 아이에게 이 방법이 도움이 됩니다.

아이가 아이디어를 떠올리기 어려워 한다면 질문을 통해 이야기를 끌어내도록 도와줄 수 있습니다.

만들어 낸 이야기를 쓴다면:

· 전달하고 싶은 가장 중요한 이야기가 무엇이니?

· 어떤 성격을 가진 등장인물이 나오면 좋겠니?

· 처음, 중간, 끝에는 각각 어떤 일이 일어났으면 좋겠니?

탐구나 프로젝트 보고서를 쓴다면:

· 조사한 내용 중 가장 흥미로운 사실은 뭐였어?

· 이 주장을 뒷받침하는 근거는 무엇이니?

· 이 주제에 대해 충분한 정보를 찾았어?

개인적인 경험에 대한 글쓰기라면:

· 언제가 가장 행복했어?

· 스스로가 가장 자랑스러웠던 순간이 언제야?

· 제일 아끼는 물건은 어떤 거야?

글쓰기는 시작의 부담만 줄여 주어도 아이들이 훨씬 쉽게 완성할 수 있습니다.

4단계: 놀이처럼 퇴고하기

이제 글을 고치는 단계입니다. 많은 아이가 글을 다 썼다는 사실에 만족하면서도 퇴고를 가장 싫어합니다. 부모님이 지도할 때도 가장 어려운 부분입니다.

이럴 때 사용할 수 있는 두 가지 방법이 있습니다.

첫째, '소리 내어 읽기'입니다. 아이가 글을 다 쓰면 큰 소리로 읽어달라고 해 보세요. 짧은 문단이어도 괜찮습니다. 소리 내어 읽다 보면 어색한 문장이나 틀린 표현을 스스로 발견하게 됩니다.

아이의 글을 부모님이 요약해서 다시 말해 주는 것도 좋습니다. 이렇게 하면 글쓴이의 의도와 읽는 사람의 이해가 얼마나 일치하는지 확인할 수 있습니다.

또 부모님이 아이의 글을 그대로 읽어 주는 방법도 있습니다. 아이는 자신의 글을 눈으로 따라 읽으면서 억양, 발음, 끊어 읽는 부분을 듣게 됩니다. 이 과정에서 문장의 어색함을 자연스럽게 알아차리게 됩니다.

둘째, '틀린 개수 표시하기'입니다. 아이에게 자신의 글에서 틀린 부분을 찾아 표시하게 합니다. 특히 자주 틀리는 철자나 구두점을 표시하도록 지도하면 좋습니다.

예를 들어, 틀린 곳에 동그라미를 치게 한 뒤 틀린 개수를 페이지 위에 적게 합니다. 색 펜을 활용하면 효과가 더 좋습니다.

"빨간 펜으로 표시한 곳을 다시 한번 볼까?"라며 놀이처럼 접근하면 아이도 부담 없이 수정 작업에 참여합니다. 좋아하는 색 펜을 이용해 오답 노트를 만드는 것도 좋은 방법입니다.

5단계: 글쓰기 실력을 키우는 조직화 훈련

글을 완성하고 퇴고까지 마쳤다면 이제 조직화 훈련을 할 차례입니다. 이 과정은 자신의 글을 더 깊이 이해하고, 한 단계 높은 퇴고를 가능하게 합니다.

수업 시간에 활용되는 다섯 가지 방법을 소개하겠습니다. 아이의 두뇌 스타일이나 강점에 따라 특정 방법을 더 선호할 수 있습니다. 특별한 문제가 없다면 아이가 선택한 방법을 존중해 주세요.

첫째, 마인드맵은 시공간 지능이 뛰어난 아이에게 유용합니다. 생각을 시각적으로 정리하면서 같은 개념끼리 묶어 핵심을 찾는 데 도움이 됩니다. 특히 핵심을 잡기 어려운 탐사가 유형에게 효과적입니다.

둘째, 개요 쓰기는 언어적·청각적 강점이 있는 아이에게 적합합니다. 글을 읽고 핵심 내용을 한 줄씩 정리하면서 글의 구조를 파악하는 훈련입니다.

셋째, 구조 이미지화는 주제 문장과 결론 문장을 앞뒤로 놓고 중간에 세부 내용을 배치해 글의 구조가 명확히 눈에 들어오게 만드는 방법입니다.

넷째, 글쓰기 구조 암기하기는 '브레인스토밍, 조직화, 주제 문장, 근거, 결론'처럼 글쓰기 단계를 기억하기 쉬운 말로 정리해 암기하는 방법입니다.

다섯째, 3의 법칙은 에세이는 보통 '주제-세부 내용-결론'의 세 요소로 이루어져 있다는 것을 활용하는 방법입니다. 하나의 주제에 세 개의 세부 내용을 두면 구조가 안정적이고 이해도도 높아집니다.

수포자를 막는
수학 기초 체력

수학의 개념이나 기본 원리는 대부분 수업 시간에 충분히 배우게 됩니다. 그런데도 어떤 아이들은 아주 간단한 내용에서도 자주 헷갈립니다. 이럴 때는 반복 연습을 통해 기본 내용을 확실히 익히고, 연산이 자연스럽게 이루어지도록 도와줘야 합니다. 이 과정을 제대로 거치지 못하면 수학 학습은 처음부터 흔들리기 쉽습니다.

특히 아이가 간단한 사칙연산을 하는 데도 시간이 오래 걸린다면, 연산이 자동화될 수 있도록 충분한 연습을 시켜야 합니다. 많은 부모님이 기초 연산 교재를 활용하는 이유도 바로 여기에 있습니다.

또 학년이 올라갈수록 자주 등장하는 공식과 수식이 있습니다. 문제를 풀 때마다 공식을 찾아 대입하는 방식도 가능하지만, 마치 하나의 수식어처럼 자연스럽게 기억해 두거나 답을 구하는 간단한 공식을 알고 있으면 풀이 시간이 훨씬 줄어듭니다.

이제부터 이러한 방법들을 하나씩 구체적으로 살펴보겠습니다.

유형별 수학과 친해지는 법

＊

아이의 학습 유형에 맞게 접근하면 수학도 훨씬 부담 없이 익힐 수 있습니다.

아이가 시각적 학습자라면, 수학 공식이나 기본 사실을 외울 때 '단어장'을 활용하는 방법이 효과적입니다.

예를 들어 3×7=21이 잘 떠오르지 않는다면 카드 앞면에는 3×7을, 뒷면에는 21을 써서 반복적으로 확인하도록 해 보세요. 시중에 나오는 플래시 카드를 구입해서 활용해 보세요.

특히 수학 공식을 어려워하는 아이에게는 단어장을 직접 만들어 사용하는 방법이 도움이 됩니다. 또한, 마인드맵을 이용해 관계를 파악하도록 하는 것도 도움이 됩니다.

청각적 학습자라면, 부모님이 수나 연산을 말로 들려주고 아이가 답을 말하게 하는 방식이 좋습니다.

예를 들어 '더해서 10이 되는 수'를 이용한 연습이 있습니다. 1+9, 2+8, 3+7, 4+6, 5+5가 모두 10이 된다는 사실을 알려 준 뒤 이렇게 질문해 보세요.

"4에는 얼마를 더하면 10이 될까?", "7에는 얼마를 더해야 할까?" 이렇게 묻다 보면 아이는 앞 숫자가 하나씩 커질 때 뒤 숫자는 하나씩 작아진다는 규칙을 자연스럽게 깨닫게 됩니다.

운동형 학습자라면, 몸을 활용하는 방법이 도움이 됩니다. 다른 유형의 아이들도 재미있게 따라 할 수 있는 방법으로 '열 손가락으로 9단 외우기'가 있습니다.

먼저 양손을 모두 펴서 책상 위에 올려놓습니다. 9×6을 계산한다고 해 보겠습니다. 왼손 새끼손가락부터 세어 여섯 번째 손가락인 오른손 엄지를 접습니다. 그 상태에서 접힌 손가락을 기준으로 왼쪽의 펴진 손가락 수는 십의 자리, 오른쪽의 손가락 수는 일의 자리가 됩니다. 왼쪽은 5개, 오른

쪽은 4개가 남으므로 9×6은 54가 됩니다. 9×4라면 왼손 네 번째 손가락을 접습니다. 그러면 왼쪽에는 3개, 오른쪽에는 6개가 남아 답은 36이 됩니다.

막상 해 보면 어른들도 꽤 재미있어합니다. 저 역시 처음 이 방법을 알았을 때 무릎을 쳤던 기억이 납니다.

이 외에도 카드나 주사위를 활용한 계산 게임도 운동형 학습자에게 효과적입니다. 두 장의 카드를 뽑아 숫자를 더하거나 곱하는 게임을 하는 것입니다. 누가 먼저 답을 말하는지 대결하면 아이의 승부욕이 자극되고 집중력도 높아집니다.

시간을 정해 놓고 그 안에 얼마나 많은 문제를 맞히는지 기록을 세우는 방식도 좋습니다. 이전 기록을 깨는 것을 목표로 하면 아이들은 더 즐겁게 참여합니다.

이처럼 게임과 계산 연습을 함께 묶어 진행하면 수학에 대한 흥미를 높일 수 있을 뿐 아니라 아이와 부모님의 관계도 좋아지고 수학적 기초 실력도 함께 키울 수 있습니다.

문장제 문제에서
수학 언어 이해하는 법

*

수학을 잘하기 위해서는 수학 언어를 이해하는 능력도 매우 중요합니다. 예를 들어 '각각 다를 때', '둘이 동일한 경우에' 같은 표현이 나오면 여기서 말하는 '각각'이 무엇을 가리키는지, '동일한 두 개'가 무엇을 의미하는지 정확히 파악해야 합니다. 이런 언어를 제대로 이해하지 못하면 계산 능력이 좋아도 문제를 풀기 어렵습니다.

표어 만들기

초등학교 4학년만 되어도 문장제 문제는 결코 쉽지 않습니다. 가끔은 저 역시 문제를 읽다가 헷갈릴 때가 있습니다. 아이들은 더더욱 어디서부터 시작해야 할지 막막해합니다. 문제를 읽고도 어떤 방식으로 접근해야 할지 감을 잡지 못하는 경우가 많기 때문입니다.

그래서 저는 문장제 문제 풀이 전략을 간단한 표어 형태로 만들어 두는 방법을 권합니다. 아이가 문제를 보았을 때 이 표어를 떠올리면 생각의 실마리가 생기고 자연스럽게 풀이 방향을 찾을 수 있습니다.

다음과 같은 전략을 표어로 만들면 도움이 됩니다.

· 패턴을 찾자

· 거꾸로 읽어 나가자

· 논리적으로 생각하자

· 간단하게 만들자

· 브레인스토밍을 하자

· 물체를 이용하자

· 그림을 그려 보자

· 표를 만들어 보자

· 체계적인 목록(표)을 만들어 보자

· 일단 추측해 보고 확인하자

이런 표어는 문제를 시작하는 데 필요한 생각의 단서가 됩니다. 특히 모든 문제 유형을 외우려고 하는 탐사가 유형의 아이들에게 매우 유용합니다.

색깔 이용하기

문장제 문제에서는 핵심 정보를 찾는 것이 가장 중요합니다.

문제를 읽고 나서 "이 문제에서 구하라는 것이 무엇이지?"라고 아이 스스로 물어보게 한 다음, 중요한 단어나 숫자에 색깔 펜으로 밑줄을 긋게 합니다.

또한 문제를 해결하는 과정에서 필요한 정보에 번호를 붙여 정리하도록 하면 문제의 구조를 한눈에 파악하는 데 도움이 됩니다.

작은 수 변환

큰 수가 등장하면 아이들은 계산 자체에 부담을 느끼기 쉽습니다. 이럴 때는 큰 수를 작은 수로 바꾸어 생각해 보는 방법이 도움이 됩니다.

먼저 작은 수로 문제의 구조를 이해한 뒤 풀이 방법을 찾고, 이후 다시 원래의 숫자로 바꾸어 계산하면 훨씬 쉽게 해결할 수 있습니다.

그래픽 조직화(목록 또는 표 만들기)

주의력이 약한 아이들은 문장제 문제를 읽어도 무엇이 핵심인지, 어떤 순서로 접근해야 하는지 판단하기 어려워합니다. 이런 때 도움을 주는 방법이 그래픽 조직화입니다. 특히 시각적 학습자에게 효과적인 방법입니다.

문장제 문제에서는 긴 문장 속에서 필수 정보를 골라내는 과정이 중요합니다. 문제를 읽은 뒤 핵심이라고 판단되는 요소들을 하나씩 목록으로 정리해 보세요.

내용이 조금 복잡하다면 표로 정리하는 방법도 좋습니다. 예를 들어 이미 알고 있는 것, 앞으로 알아내야 할 것, 사용해야 할 공식, 그림으로 표현해 볼 부분, 계산해야 할 내용 등을 구분해 적어 두는 것입니다.

이해를 돕기 위해 간단한 예를 들어 보겠습니다.

(초 6-1 수학)

식품의 저지방 표시는 식품 100g당 지방이 3g 미만일 때, 무지방 표시는 식품 100g당 지방이 0.5g 미만일 때 사용할 수 있습니다. 따라서 무지방이라고 해서 지방이 전혀 없는 것은 아닙니다.

다음 우유가 저지방인지 무지방인지 구분해 보세요.

(가) 지방이 20g 들어 있는 우유 720g

(나) 지방이 2.5g 들어 있는 우유 600g

구해야 할 것	(가)와 (나)가 무지방인지 저지방인지
이미 알고 있는 것	저지방 기준: 우유 100g당 지방 3g 미만 무지방 기준: 우유 100g당 지방 0.5g 미만 → (가) 지방 20g, 우유 720g 　　(나) 지방 2.5g, 우유 600g
앞으로 알아내야 할 것	(가), (나) 우유의 진하기 → 즉, (가)와 (나) 우유의 100g당 지방의 양
사용해야 할 공식	용액의 진하기 = 용질의 양 ÷ 용액의 양
그림 그려보기	
계산하기	(가) 20 ÷ 720 = 0.027... = 약 2.7% (나) 2.5 ÷ 600 = 0.004... = 약 0.4% → 정답: (가) = 저지방, (나) = 무지방

이 문제의 핵심은 100g당 지방이 얼마나 들어 있는지 계산하는 것입니다. 이처럼 문장제 문제를 표나 목록으로 정리하는 습관을 들이면 문제의 핵심 정보를 빠뜨리지 않게 되고, 어떤 순서로 계산해야 하는지도 자연스럽게 드러납니

다. 그래픽 조직화는 복잡한 문제일수록 더욱 효과적인 학습 방법입니다.

수학 언어를 기호로 바꾸기

아이들이 수학 문제를 푸는 모습을 보면 내용을 제대로 이해하지 못한 채 비슷한 문제를 외워서 푸는 경우가 있습니다. 이런 습관이 계속되면 학년이 올라갈수록 수학을 점점 어려워하게 되고, 결국 '수포자의 길'로 들어설 가능성이 높습니다.

그래서 아이가 수학적인 언어와 친해지도록 만드는 것이 중요합니다. 실제로 수학을 힘들어하는 학생들 가운데 상당수는 계산 자체보다 수학에서 사용하는 어휘를 이해하는 데 어려움을 겪습니다. 수학을 잘하기 위해서는 공식만 외우는 것이 아니라 수학 개념을 제대로 형성하는 과정이 필요합니다.

이를 돕는 방법 가운데 하나가 문장 속 표현을 수학 기호로 바꿔 보는 연습입니다.

· 모두 다: + 혹은 { }

· 결국: =

· 없어지면: −

· 묶음: ×

· 몫: /

· 나머지: …

아이가 문장제 문제를 어려워한다면 문제를 함께 읽어 보면서 '모두 다', '결국', '없어지면', '묶음', '몫', '나머지' 같은 표현이 어떤 수학 기호로 바뀔 수 있는지 하나씩 확인해 보세요. 이렇게 연습하면 아이는 문장 속 정보를 수식으로 바꾸는 방법을 조금씩 익히게 됩니다.

클리닉에 오는 초등학생들도 하나같이 "수학이 가장 어려워요"라고 말합니다. 그런데 이 말의 뜻은 "공식이 어려워서 답을 못 구하겠어요"가 아니라, 대부분 "문제가 무슨 말인지 모르겠어요"에 가깝습니다.

아이들이 수학을 힘들어하는 이유를 정확히 알지 못하면 필요한 도움을 주기도 어렵습니다. 만약 아이가 수학을 어려워한다면 무엇이 어려운지 직접 물어보는 것이 좋습니다. 의외의 대답이 나올 수도 있으니 아이가 말한 내용을 노트에 적어 두는 것도 도움이 됩니다.

또 한 가지 기억해야 할 점이 있습니다. 문장제 문제를 함께 풀어 보는 과정은 아이가 학교에서 어떤 방식으로 배웠는지 확인할 수 있는 기회이기도 합니다. 학교에서 배운 방법을 바탕으로 지도하는 것이 아이에게 혼란을 주지 않는 가장 좋은 방법입니다. 특히 저학년일수록 학교 선생님이 가르쳐 준 풀이 방식에 맞춰 지도하는 것이 중요합니다.

일상에서 수학 감각을 키우는 7가지 방법

*

수학은 교실에서만 배우는 과목이 아닙니다. 일상생활 속에서도 수학을 경험하게 하면 학교에서 배운 내용을 생활과 자연스럽게 연결해 긍정적인 효과를 기대할 수 있습니다. 학교에서 배운 수학을 일상에서 활용하고, 반대로 일상에서 접한 수학을 수업과 연결하면 같은 내용을 여러 방식으로 경험하게 되면서 아이들은 수학을 문제 풀이가 아니라 생활 속 개념으로 이해하게 됩니다.

그렇다면 아이들이 일상에서 수학을 피부로 경험하게끔 하려면 어떻게 해야 할까요? 다음 방법들을 한 번 시도해 보시기 바랍니다.

① 레고나 블록 쌓기

블록이나 레고 놀이는 도형과 공간 같은 기하 개념을 자연스럽게 익히는 데 도움이 됩니다. '기하학'이라는 말이 어렵게 들릴 수 있지만, 사실 모양과 크기를 이해하는 것 자체가 기하 개념입니다. 아이들은 레고로 구조물을 만들면서 형태와 크기, 균형에 대한 감각을 익히게 됩니다.

빌 게이츠의 인터뷰를 보면 어머니가 자신에게 무한한 레고 블록을 가지고 놀 수 있게 해 준 경험이 오늘날의 자신을 만드는 데 큰 영향을 주었다고 밝혔습니다.

② 장난감 분류하기

분류하고 체계적으로 정리하는 능력은 수학에서도 중요한 기술입니다. 장난감뿐 아니라 사탕을 모양이나 색깔별로 나누거나, 빨래를 색깔별로 구분해 보게 하는 것도 좋은 방법입니다. 또한 아이가 스스로 분류한 기준에 이름을 붙이게 하면 수학적 사고를 키우는 데 도움이 됩니다.

③ 돈을 활용하기

초등학교 4학년 이상이라면 돈을 활용해 수학 개념을 익히게 할 수 있습니다. 예를 들어 일주일 용돈을 기준으로

한 달이면 얼마인지, 반 년이면 얼마인지, 1년이면 얼마인지 계산해 보게 하는 것입니다. 아이는 이런 과정을 통해 자연스럽게 곱셈과 배수 개념을 익히게 됩니다.

④ 쇼핑하기

쇼핑하는 과정에도 수학이 숨어 있습니다. 매장에서 가격을 더해 보거나 할인율을 계산해 보는 것만으로도 훌륭한 수학 놀이가 됩니다. 직접 가지 않더라도 배달 카탈로그나 온라인 쇼핑 화면을 활용할 수 있습니다. 정가표에 붙어 있는 가격을 더해 보거나 쿠폰이나 할인권을 활용하면 얼마나 할인받을 수 있는지 계산해 보게 해 주세요. 돈의 개념뿐 아니라 분수나 소수 개념을 이해하는 데도 도움이 됩니다.

⑤ 요리하기

요리를 하다 보면 계량컵과 계량스푼을 사용하게 됩니다. 이 과정에서 자연스럽게 분수와 배수 개념을 익힐 수 있습니다. 또한 요리 과정은 여러 단계를 순서대로 기억하고 실행해야 하기 때문에 수학 문제 해결에 필요한 작업 기억력을 기르는 데에도 도움이 됩니다.

⑥ 여행하기

여행은 시간 개념과 공간 감각을 익히는 좋은 기회입니다. 예를 들어 고속도로를 달리면서 다음 휴게소까지 얼마나 남았는지, 현재 속도로 달리면 몇 분 후에 도착할지 아이와 함께 계산해 보는 것도 좋은 연습이 됩니다.

⑦ 스포츠 관람

투수의 방어율이나 타자의 타율처럼 경기 기록 속에는 다양한 수학 개념이 들어 있습니다.

스포츠뿐 아니라 음악, 경제 등 아이가 관심을 가지는 분야 속에서도 수학 개념을 찾아보게 하면 더욱 효과적입니다.

이처럼 수학을 우리 삶 속으로 끌어들이면 아이는 수학에 대한 부담감을 조금씩 내려놓게 됩니다.

기초 연산, 개념 이해, 수학 언어, 정리 습관까지 갖추었다면 이제 마지막으로 점검해야 할 것이 있습니다. 바로 문제를 대하는 태도, 즉 '푸는 태도'입니다.

실수가 습관이 되기 전에

*

수학에서 아이들이 가장 많이 하는 말은 "모르겠어요"가 아니라 "실수했어요"입니다. 아이들이 노력해서 배운 개념, 충분히 풀 수 있는 문제를 실수로 틀리면 아이도 부모도 힘이 빠집니다.

대부분 이런 실수는 자신이 푼 과정을 다시 확인하는 '점검 습관'이 부족하기 때문에 생깁니다. 아이에게 효과적인 점검 방법을 알려 주면 실수의 횟수는 충분히 줄일 수 있습니다.

아이가 문제를 풀 때 옆에서 한 번 지켜봐 주세요. 문제를 다 풀고 채점을 마친 뒤, 자주 틀리는 유형 세 가지를 찾아 신문 헤드라인을 뽑듯 정리해 보는 것입니다.

예를 들면 단위 맞추기, 사칙연산 실수, 숫자 정확히 쓰기, 자릿수 맞추기, 공식을 정확히 쓰기, 어림값으로 점검하기 같은 유형입니다. 여기서 말하는 어림하기란 아이가 구한 답이 문제 상황에 비추어 보았을 때 상식적으로 가능한 값인지 확인하는 과정입니다. 예를 들어 "몇 명인가요?"라고 묻는 문제에서 답이 소수로 나온다면 분명 어딘가 계산이 잘못된 것입니다.

자주 반복되는 실수 유형을 찾았다면 아이가 대표적인 오답 유형 세 가지를 기억하도록 도와주세요. 이를 익히는 방법으로 저는 '모의 테스트'를 권합니다.

집에서 간단한 모의 테스트를 해 보면 부모와 아이 모두 '우리 아이(내)가 도형 문제에 약하구나'처럼 약점을 파악할 수 있습니다. 테스트를 마친 뒤에는 시험지 맨 위에 자주 실수하는 세 가지 유형을 다시 적게 하세요. 만약 다 적었다면 모의고사 문제 중 '자신이 자주 실수하는 유형'에 해당하는 문제가 있는지, 있다면 이번에도 실수했는지 점검하도록 하는 것이 중요합니다. 이런 과정을 반복하면 아이는 자연스럽게 경각심을 가지고 문제를 풀게 됩니다.

여기에 한 가지 더 중요한 점이 있습니다. 아이가 반복해서 같은 실수를 한다면 단순한 부주의의 문제가 아니라 개념을 충분히 이해하지 못한 상태에서 문제 풀이부터 시작했기 때문일 수도 있습니다.

문제를 아는 것과 푸는 것은 다르다

*

초등학교 4학년 민석이는 수학 점수 30점을 받고 클리닉을 찾은 아이입니다. 민석이에게 문제를 풀어 보게 했더니 개념 정리가 전혀 되어 있지 않은 상태에서 곧바로 문제 풀이부터 시작하는 모습이 보였습니다.

사실 많은 아이가 같은 실수를 합니다. 수학 교과서는 읽는 책이 아니라 푸는 책이라고 생각하기 때문입니다. 하지만 수학 교과서에도 읽어야 할 문장이 있고, 그 문장이 그 자리에 놓인 이유가 있습니다. 그럼에도 아이들은 이를 건너뛴 채 곧바로 공식을 세우거나 문제를 풉니다. 저는 이런 현상을 '새 문제집 증후군' 혹은 '1번 병'이라고 부릅니다.

어머님들 가운데는 "우리 아이 문제집을 보면 앞부분만 풀고 뒤는 아주 깨끗해요"라고 말하는 분들이 있습니다. 아이들은 문제집을 새로 바꾸면 수학에 대한 불편한 감정이 사라질 것처럼 느끼기 때문에 계속 새로운 문제집을 찾게 됩니다. 그래서 저는 이것을 '새 문제집 증후군'이라고 부릅니다.

그렇다면 '1번 병'은 무엇일까요? 문제를 이해하고 개념을 정리하려는 과정보다 문제를 빨리 풀고 싶어 하는 욕구가 앞설 때 나타나는 증상입니다. 개념을 이해하는 과정이 얼마나 중요한지 충분히 알지 못하기 때문에 생기는 문제입니다.

하지만 새 문제집 증후군이나 1번 병 모두 해결 방법은 간단합니다. 개념을 먼저 정리한 뒤 문제를 푸는 습관만 들이면 됩니다.

민석이 이야기로 돌아가 보겠습니다. 저는 민석이에게 각도, 측정, 나눗셈, 자연수 등 기본 개념을 다시 정리하도록 했습니다. 그리고 딱 한 가지만 약속하자고 했습니다. "민석아, 문제를 바로 풀지 말고 그 위에 적힌 학습 목표와 개념부터 정리하자."

그 결과 민석이의 수학 점수는 40점이 올라 다음 시험에서 70점을 받았습니다. 개념 정리의 힘을 확인한 순간이었습니다.

그렇다면 부모님은 아이를 어떻게 도와주면 좋을까요?

예를 들어 교과서에 '수선을 그을 수 있어요'라는 학습 목표가 나오면 아이에게 이렇게 물어보세요. "수선을 어떻게 긋는지 엄마에게 설명해 줄래?"

아이가 그림을 그려 설명하든, 손동작으로 설명하든 설명할 수 있다면 개념을 이해한 것입니다. 그래야 응용 문제가 나와도 해결할 수 있습니다.

'평행선을 알 수 있어요'라는 학습 목표가 나오면 "평행선이 뭐야?"라고 물어보는 것만으로도 충분합니다. 이런 질문만으로도 아이와 함께 공부를 이어 갈 수 있습니다.

이와 함께 부모님께 한 가지 부탁드리고 싶은 것이 있습니다. 아이의 수학 교과서에 익숙해지시라는 겁니다. 수학을 직접 가르칠 정도까지는 아니어도 됩니다. 다만 수학 커리큘럼이 어떻게 구성되어 있고 학습 목표가 무엇인지 정도만 알아도 아이를 지도하는 데 큰 도움이 됩니다.

최근 수학 시험은 점점 문장제와 서술형 중심으로 바뀌고 있습니다. 계산 능력뿐 아니라 문제 풀이 과정을 채점자가 이해하기 쉽도록 설명할 수 있어야 좋은 점수를 받을 수 있습니다. 그러니 자녀의 교과서와 익힘책을 자주 살펴보시고, 학교에서 나눠 주는 프린트물도 함께 확인해 보시기 바랍니다.

많은 부모님이 아이가 문제를 풀면 그것을 이해했다고 생각합니다. 그러나 문제를 아는 것과 푸는 것은 다릅니다. 문제를 안다는 것은 개념과 원리를 말로 설명할 수 있을 정도로 이해했다는 뜻입니다. 반면 문제를 푼다는 것은 눈에 익은 문제를 기술적으로 해결하거나 간단한 스킬로 답만 맞힌 것일 수도 있습니다. 이 둘을 구분하지 못하면 아이가 문제를 잘 푼다는 이유만으로 제대로 이해했다고 착각하기 쉽습니다.

이 점을 강조하는 이유는 분명합니다. 개념이 정리되어 있다면 평행선이 무엇인지, 각도가 무엇인지 스스로 설명할 수 있습니다. 하지만 문제는 풀 수 있으면서도 그 개념을 설명하지 못한다면 절반만 이해한 상태입니다. 이런 상태에서는 나중에 응용 문제나 문장제 문제가 나왔을 때 어려움을 겪게 되고, 원인을 찾기도 매우 어렵습니다.

수학은 많은 아이가 좌절하는 과목이기 때문에 부모님들도 학원이나 과외에 의존하는 경우가 많습니다. 그러나 학원에서 알려주는 기술이 당장은 도움이 될지 몰라도 결국 수학을 더 어렵게 만들 수 있다는 점을 기억해야 합니다.

예를 들어 평행사변형 문제가 나오면 어떤 학원에서는 "평자가 짝수로 나오면 맞고 홀수로 나오면 틀리다"는 식으로 문제 풀이 기술을 가르치기도 합니다. 이런 방법을 익히면 당장은 문제를 맞힐 수 있겠지만, 아이는 문제를 이해하려 하기보다 기술에 의존하는 습관을 갖게 됩니다.

실제로 수포자가 된 학생들을 만나 보면 이런 과정을 거친 경우가 많습니다. 평행사변형을 머릿속에서 그릴 수 없으니 결국 도형 문제 자체를 포기하게 되는 것입니다.

저는 부모님만큼 좋은 선생님은 없다고 생각합니다. 수학 내용을 완벽하게 알 필요는 없습니다. 상식적이고 논리적인 질문만으로도 아이가 이해하는 데 충분히 도움을 줄 수 있습니다. 고액 과외를 하거나 학원에 다니더라도 문제를 이해하는 과정에 접근하지 못한다면 그것은 결국 '밑 빠진 독에 물 붓기'가 될 수 있다는 점을 꼭 기억해 주시기 바랍니다.

결국 수학은 문제를 많이 푸는 과목이 아니라 개념을 이해하고 설명할 수 있을 때 비로소 자기 것이 되는 과목이라 할 수 있습니다.

• ○ ○

결국 공부를 오래 해 나가게 하는 힘은

단순한 공부 기술이 아니라 마음의 힘, 즉 '멘탈'에서 나옵니다.

아이가 흔들릴 때 다시 일어나고,

어려움 앞에서도 포기하지 않게 만드는 힘 말입니다.

부모가 해 줄 수 있는 가장 중요한 일은 바로

그 멘탈을 지켜 주는 환경을 만들어 주는 것입니다.

6장

한 팀의 법칙

– 연대감이라는 스위치를 켜는 법

숙제 습관,
시작이 어려운 이유

숙제를 시작하는 데 유독 오래 걸리는 아이들이 있습니다. 부모님은 속이 타죠. 아이들이 뜸을 들이는 이유는 대체로 두 가지입니다. 다른 일에 관심을 빼앗겼거나, 숙제가 부담스러워 피하고 싶기 때문입니다. 만약 후자라면 아이의 눈앞에 '해야 할 일'을 명확하게 제시하고, 충분히 해낼 수 있겠다는 희망을 느끼도록 도와주어야 합니다.

아이가 다른 일에 정신이 팔려 시작할 타이밍을 놓친다면 생활 계획표에 시간을 눈에 띄게 표시하는 것도 좋은 방법입니다. 아이에게 맞는 시간을 정해 두고, 그 시간이 되면 숙제를 시작하자고 약속해 보세요. 그러면 아이 스스로 마음을 준비하게 됩니다. 저는 개인적으로 내적 동기를 설명할 때 '마음을 먹는다'는 표현을 좋아합니다. 마음을 먹을수록 외부의 유혹에 흔들리지 않고 실행에 옮길 가능성이 높아지기 때문입니다.

혹시 '내일 아침'이라는 표현을 아시나요? 한 번은 맥도널드에서 부모님들이 나누는 이야기를 들은 적이 있습니다. 남편의 비자금이나 시어머니의 갑작스러운 방문만큼 부모를 당황하게 만드는 일이 바로 학교 갈 시간이 되어서야 숙제를 떠올리는 아이라는 것이었습니다. "난 아침이 무서워. 우리 아들은 매일 '내일 아침'이 돼서야 모든 걸 이야기해." 이 말에 함께 있던 부모들도 크게 웃으며 공감했습니다.

주의력이 부족한 아이일수록 숙제를 기억하지 못하다가 학교에 갈 시간이 되어서야 떠올리는 경우가 많습니다. 앞서 이야기한 부모님의 아이도 그런 경우였습니다. 아이가 스스로 적어 온 것이 있다면 함께 확인하며 정리해 주고, 알림장이나 학교 홈페이지에 올라온 공지를 직접 적어 보게 하면 이런 실수를 줄일 수 있습니다.

숙제를 눈처럼 굴리는 '미루는 병'

*

"숙제를 왜 미루게 됐어?"

"미루다 보니 미루게 됐어요."

단순한 대화처럼 보이지만 이 말을 가볍게 넘겨서는 안 됩니다. 아이들이 숙제를 미루는 이유는 대부분 '이전에 미뤄 놓은 숙제' 때문입니다. 언제 끝낼 수 있을지 감이 잡히지 않으니 아예 손을 놓게 되는 것입니다. 이런 경우에는 '숙제를 끝낼 수 있다'는 경험을 아이에게 보여 주는 것만으로도 문제 해결의 실마리를 찾을 수 있습니다.

그렇다면 숙제에 지나치게 부담을 느끼는 아이는 어떻게 해야 할까요? 이런 아이들에게는 부모가 함께 숙제를 마칠 수 있는 시간 계획을 세워 주는 것이 좋습니다. 방법은 생각보다 간단합니다.

예를 들어 세 과목의 숙제가 있다면 한 번에 모두 하려고 하기보다 과목별로 나누어 계획을 세웁니다. 이때 중요한 점은 아이가 충분히 해낼 수 있다고 느낄 만큼의 분량으로 나누는 것입니다. 또한 부모는 수학 숙제를 먼저 하길 바라더라도 아이가 국어 숙제를 선택한다면 아이의 의견을 존중해 주는 것이 좋습니다.

그다음에는 국어면 국어, 수학이면 수학을 '언제까지 끝낼 수 있을지' 구체적인 시간을 정해 계획을 세웁니다. 계획을 세울 때 중간중간 휴식 시간을 넣어 주면 아이는 "이 정도면 해볼 만하겠네"라며 실행 의지를 갖게 됩니다.

이 방법은 초등학생에게만 해당하는 이야기가 아닙니다. 숙제를 미루는 습관은 학년이 올라가도 그대로 이어지는 경우가 많습니다.

분량을 쪼개면 몰입이 높아진다

*

고등학생 현빈이는 특목고에 지원할 정도로 우수한 학생이었습니다. 하지만 특목고 입학에 실패한 뒤 자신감을 잃고 공부를 놓아 버렸습니다. 현빈이는 "수학I을 해야 하는데……"라고 말하면서도 쉽게 시작하지 못했습니다.

그래서 수학I 교재 한 권을 끝내는 데 어느 정도 시간이 필요할지, 하루에 어느 정도 분량을 풀면 목표한 기간 안에 마칠 수 있을지 함께 계산해 보았습니다. 계산해 보니 하루에

4페이지 정도면 충분히 가능하다는 결과가 나왔습니다. 그때 현빈이의 얼굴이 얼마나 밝아졌는지 모릅니다. 그동안 해야 할 공부가 막막하게 느껴져 마음이 무거웠는데, '이 정도면 해볼 만하다'는 생각이 들자 부담이 훨씬 줄어든 것입니다.

그다음 주에 현빈이가 다시 왔는데 놀랍게도 쉬는 시간이나 통학 시간 같은 자투리 시간을 활용해 4페이지 분량을 모두 끝냈다며 의기양양하게 이야기했습니다.

'티끌 모아 태산'이라는 말을 아시죠? 본래는 좋은 의미로 쓰이지만, 반대로 생각해 보면 작은 미룸이 쌓여 큰 부담이 되기도 합니다. 이것을 흔히 스노우볼링 효과Snowballing Effect라고 합니다.

처음에는 손에 들어올 만큼 작은 눈덩이였지만 시간이 지나면서 점점 커져 결국 눈사람 몸통만큼 커지는 것과 같습니다. 숙제도 마찬가지입니다. 아이는 눈사람 몸통처럼 커진 숙제를 바라보면 어디서부터 시작해야 할지 막막해집니다. 이때 부모의 역할은 그 커진 과제를 다시 작은 단위로 나누어 아이에게 보여 주는 것입니다. 제가 현빈이에게 했던 것처럼 말입니다.

과제가 작게 나뉘는 순간 심리적인 장벽이 낮아지고, 자신감과 실행 의지가 생깁니다. 이것은 어른에게도, 아이에게도 똑같이 적용되는 원리입니다.

다음으로 사용할 수 있는 방법이 바로 '시작이 반이다' 전략입니다. 말 그대로 숙제의 시작 단계에 집중하는 방법입니다. 자료 조사, 참고 도서 읽기, 유인물 읽기, 복습하기 등 숙제를 시작하기 위해 필요한 준비 작업 가운데 가장 쉬운 것부터 시작하게 하는 것입니다. 이때 부모는 아이가 그 일을 해낼 수 있는지만 확인해 주면 됩니다.

저학년 아이라면 부모님이 먼저 보여 주는 것도 좋습니다. 예를 들어 유인물을 먼저 소리 내어 읽어 보거나, 수업 내용을 복습을 위해 교과서를 펼쳐 연습 문제를 풀어 보는 모습을 보여 줄 수 있습니다. 아이는 부모님의 행동을 보며 자연스럽게 따라 하게 되고, 그 과정에서 자신감을 얻습니다. 이렇게 부모님이 먼저 시범을 보이고 아이가 따라 하는 방식으로 시작을 돕다 보면, 아이는 점차 혼자서도 숙제를 끝낼 수 있게 됩니다.

숙제를 대충 끝내는 아이

*

이 경우가 가장 어렵습니다. 자신감은 떨어져 있지만 부모님의 간섭은 받기 싫고, 자신이 낼 수 있는 최소한의 에너지만 들여 숙제를 끝내려는 상태이기 때문입니다. 이런 때는 적절한 타협과 보상, 일정한 분량과 난이도 조절 같은 기본적인 조건을 바탕으로 아이에게 접근해야 합니다. 어렵게 느껴지더라도 하나씩 실천해 나가면 해결의 실마리가 보이기 시작합니다.

가장 먼저 시도해 볼 방법은 숙제 장소를 부모님이 지켜볼 수 있는 곳으로 바꾸는 것입니다. 공간에 변화를 주는 것입니다. 식탁도 좋습니다. 만약 아이가 자기 방을 고집한다면, 부모님이 옆에서 지켜볼 수 있도록 협조를 구하는 것이 좋습니다.

여기서 '옆에서 지켜본다'는 말의 의미를 분명히 할 필요가 있습니다. 이것은 아이를 감시하거나 압박하는 것이 아닙니다. 아이가 겪는 어려움을 도와주기 위해 부모님이 인내심을 가지고 함께 시간을 보내는 것을 뜻합니다. 막상 아이 옆에 앉아 보면 아이가 책을 펴 놓고 딴짓을 하거나, 한 줄만 써 놓고 휴대전화를 확인하거나, 문제도 제대로 읽지 않은 채 음악을 듣는 모습을 보게 됩니다. 그럴 때 잔소리를 하고 싶은 마음이 드는 것은 당연합니다. 하지만 이 단계에서는 참는 것이 중요합니다. 잔소리가 시작되면 아이는 부모님이 옆에 있는 것 자체를 싫어하게 되기 때문입니다.

잔소리를 참고 아이의 공부 과정을 지켜볼 수 있게 되었다면, 다음 단계는 숙제가 어떻게 진행되고 있는지 함께 확인해 보자고 설득하는 것입니다. 이렇게 하면 아이가 숙제를 보다 성실하게 마무리할 가능성이 높아집니다. 또한 숙제를 제대로 해내면 학교에서도 좋은 결과를 얻을 수 있다는 점을 알려 주면 아이의 의욕도 높아집니다.

이때 기억해야 할 점이 있습니다. 모니터링은 어디까지나 모니터링일 뿐, 강제적인 통제가 되어서는 안 된다는 것입니다. 숙제가 계획한 만큼 진행되지 않았다고 해서 아이의 행동을 제재하는 것은 바람직하지 않습니다. "반도 못 했는데 친구랑 놀려고 하니?", "이 숙제를 못 끝내면 주말에 게임 못 하게 할 거야"와 같은 압박은 오히려 역효과를 낼 수 있습니다.

이 단계까지 잘 이루어졌다면 부모가 아이의 숙제에 개입할 준비가 된 것입니다. 이런 아이들은 혼자 있을 때 다른 것에 쉽게 관심을 빼앗기는 경우가 많습니다. TV, 컴퓨터 게임, 스마트폰처럼 공부에 방해되는 자극을 줄여 주는 것이 좋습니다. 음악 소리가 집중을 방해한다면 볼륨을 낮추는 것도 도움이 됩니다.

이러한 환경을 만들기 위해서는 적절한 보상이 필요합니다. 단순한 물질적 보상이 아니라 부모와 아이 사이의 신뢰와 긍정적인 정서를 바탕으로 한 보상을 말합니다. 예를 들어 숙제를 마친 뒤에는 평소에 건강 때문에 자주 허락하지 않았던 사탕이나 라면을 특별히 허용할 수도 있습니다. 함께 보드게임을 하거나 아이가 좋아하는 만화책을 읽을 시간을 주는 것도 좋은 보상이 됩니다.

좀처럼 집중하지 못하는 아이

＊

최소한의 노력으로 그저 과제를 끝내는 데 의미를 두는 '대충형' 아이 못지않게, 에너지는 충분하지만 그 에너지를 엉뚱한 곳에 쏟느라 숙제를 얼렁뚱땅 마치는 '산만형' 아이도 부모를 힘들게 합니다.

산만한 아이들은 숙제 자체보다 다른 것에 더 많은 관심을 보이는 경우가 많습니다. 다만 행동의 방향을 조금만 잡아 주면 그 에너지를 숙제에 활용할 수 있다는 점에서, 최소한만 하고 끝내려는 아이들과는 구분됩니다.

이런 아이에게는 숙제를 빨리 끝내는 것보다 정확하고

완성도 있게 마치는 것에 보상을 주는 방식이 효과적입니다. 또한 충분한 시간을 주어 숙제를 할 수 있도록 배려해야 합니다. 이때 타이머를 활용하면 집중 시간을 관리하는 데 도움이 됩니다.

숙제를 시작하기 전에 어느 정도 수준까지 해야 하는지 기준을 명확히 정해 주는 것도 중요합니다. 예를 들어 글짓기 숙제라면 '몇 줄 이상 작성하기'처럼 분량 기준을 제시할 수도 있고, 서론, 본론, 결론의 구조를 갖추되 본론에서는 주된 생각과 이를 뒷받침하는 내용을 각각 세 가지씩 쓰도록 안내할 수도 있습니다.

산만한 아이들은 성격이 급해 숙제를 하면서 빠뜨린 것이 무엇인지 스스로 알아차리지 못하는 경우가 많습니다. 이때 부모가 빠진 부분을 바로 지적하면 아이는 꾸중을 들을까 봐 위축될 수 있습니다. 따라서 직접 지적하기보다는 점검표를 미리 만들어 두는 방법이 효과적입니다.

점검표를 활용하면 아이도 '혼내려는 것이 아니라 빠진 내용을 확인하도록 도와주는 것이구나'라고 안도하게 됩니다. 부모님이 함께 점검표를 확인해 주고 아이가 스스로 수정할 수 있도록 격려하면 더 좋은 결과를 얻을 수 있습니다.

숙제를 제출하지 않는 아이

*

숙제를 열심히 해 놓고도 제출하지 않는 아이들이 있습니다. 이 경우는 크게 두 가지로 나눠 볼 수 있습니다. 제출하는 것을 잊어버리는 아이와 제출하기를 망설이는 아이입니다. 부모님은 이해하기 어려울 수 있습니다. "힘들게 해 놓고 왜 잊어버리느냐", "왜 숙제를 제출하기 싫어하는지 모르겠다"고 답답해하기도 합니다. 하지만 아이들의 행동에는 대부분 나름의 이유가 있습니다.

먼저 아이가 숙제를 제시간에 제출했는지 선생님께 확인해 달라고 부탁하는 방법이 있습니다. 아이가 제때 숙제를 제출했다면 그 사실을 인정하고 격려해 주세요. 이런 작은 성공 경험에 대해 정서적인 보상을 해 주면 습관을 바꾸는 데 도움이 됩니다. 매일 확인하기 어렵다면 '한 주 동안 어땠는지' 정도라도 피드백을 요청하는 것이 좋습니다.

여기서 제가 '정서적인 보상'이라는 표현을 사용하는 이유가 있습니다. 완벽주의 성향이 강하거나 타인의 평가에 민감한 아이들은 자신감이 부족해 숙제를 제출하는 것을 망설이는 경우가 많습니다. 이런 아이에게 숙제를 제출했다는 것은 작은 행동처럼 보이지만 사실은 상당한 용기일 수 있습니다. 따라서 아이가 숙제를 제출했을 때는 자존감을 높여 주는 격려나 따뜻한 스킨십으로 자신감을 북돋아 줄 필요가 있습니다.

또한 아이가 숙제를 제출하지 않는 이유를 두고 차분히 대화를 나누는 것도 중요합니다. 만약 자주 잊어버리는 것이 문제라면 쉽게 확인할 수 있는 '숙제 전용 파일'을 만들어 숙제를 그 안에 넣어 가도록 하는 방법이 있습니다. 아이 눈에 잘 띄는 가방 덮개 안쪽이나 필통 안쪽에 넣어 두는 것도 좋습니다. 여기에 '숙제 제출 확인하기' 같은 문구를 붙여 두면 도움이 됩니다.

반대로 아이가 숙제에 자신감이 없어 제출을 망설이는 경우라면, 선생님의 긍정적인 피드백을 통해 용기를 낼 수 있도록 도와주는 것이 중요합니다. 숙제를 할 때 '무엇을 어떻게 하면 잘한 것인지'에 대한 기준이 분명하다면 아이는 자신의 결과물에 대한 확신을 갖게 되고, 자연스럽게 제출에 대한 부담도 줄어들게 됩니다.

숙제는 연대감이 핵심입니다

많은 부모님이 숙제를 단순한 과제로 생각하지만, 사실은 아이의 공부 습관을 만드는 아주 중요한 활동입니다. 숙제는 배운 내용을 점검하는 소극적인 의미의 공부만은 아닙니다. 문제를 해결해 나가면서 아이는 자신이 알고 있던 지식을 연결하고 통합합니다. 그래서 저는 숙제를 하나의 과학적인 학습 방식이라고 생각합니다. 자기 주도 학습에 필요한 자제력, 효능감, 책임감 역시 숙제를 통해 길러집니다.

어느 날 아이의 키를 재 보았을 때 부쩍 자라 있는 모습을 보고 놀란 경험이 있을 겁니다. 학교 숙제도 이와 비슷합니다. 자라는 동안에는 눈에 잘 보이지 않지만, 뼈가 자라듯 공부에 필요한 능력들이 조금씩 자라나기 때문입니다.

그렇다면 학원에서 내주는 숙제는 어떨까요? 부모님은 학원 숙제와 학교 숙제가 비슷하다고 생각하시겠지만, 자세히 보면 학원 숙제는 수업 시간에 배운 내용을 반복하는 정도입니다. 문제집 몇 페이지를 풀어 오거나 단어를 일정량 외워 오라는 식이지요. 즉, 숙제의 본래 의미를 충분히 살리지 못하는 과제가 대부분입니다. 아마 단순 암기나 문제 풀이가 단기간에 성적을 올리는 데 유리하기 때문일 겁니다.

이처럼 제한적인 숙제만 반복하다 보면 아이는 숙제를 통해 이루어져야 할 진정한 학습의 과정을 경험하기 어렵습니다.

아이에게 공동 과제가 주는 의미

*

숙제를 도와주면서 얻을 수 있는 가장 큰 이점은 부모와 아이가 하나의 작업을 함께 수행한다는 연대감과 일체감입니다. 아마 많은 부모님이 이 점에 대해서는 깊이 생각해 보지 못하셨을 겁니다. 숙제는 아이가 하는 일이고, 부모는 그

것을 시키는 사람이라고만 여기기 쉽기 때문입니다. 그래서 이번에는 숙제가 왜 부모와 아이 사이의 연대감을 만드는지 이야기해 보겠습니다.

연대감이란 엄마와 아이가 같은 과제를 함께 해결해 나가면서 느끼는 '우리는 한 팀'이라는 인식입니다. 지금까지 아이들에게 엄마는 '가끔 사랑하고 매일 잔소리하는 존재'였을지도 모릅니다. 아이는 그저 엄마의 말을 따라야 하는 입장이라고 느꼈을지도 모르고요. 아이들도 말로 표현하지 못할 뿐 이런 수직적인 관계의 불편함을 느끼고 있습니다.

하지만 공동으로 과제를 하게 되면 분위기가 달라집니다. 부모님과 아이가 같은 문제를 함께 풀기 시작하면 자연스럽게 하나의 팀이 됩니다. 아이들은 이때의 경험을 오래 기억합니다. '다른 것도 아닌 바로 공부에서 엄마가 나와 같은 고민을 하고, 내 편에서 답을 찾으려고 했어.'

이런 경험은 아이가 부모님을 지시하는 사람이 아니라 함께 문제를 해결하는 사람으로 바라보게 하고, 그 과정에서 자연스럽게 신뢰가 쌓입니다. 부모보다 오히려 아이에게 더 큰 '기분 좋은 확신'을 남기며 마음에 새겨집니다.

물론 아이의 나이에 따라 공동 과제에 대한 필요는 달라집니다. 초등학교 3·4학년이 되면 숙제를 조금씩 혼자 하려고 하고, 중학교에 올라가면 부모가 숙제에 관여하는 것을 싫어하기도 합니다. 이는 사춘기를 지나며 정체성과 독립성을 형성해 가는 자연스러운 과정입니다. 그래서 많은 교육 전문가들은 숙제는 아이가 혼자 해결하도록 해야 한다고 말합니다.

하지만 저는 생각이 조금 다릅니다. 모든 아이가 같은 속도로 성장하는 것은 아니기 때문입니다. 지능은 우수하지만 주의력이 부족한 아이들도 있고, 주의력은 정상 범위지만 계획을 세우거나 공부를 조직하는 데 어려움을 겪는 아이들도 많습니다. 이런 아이들에게는 부모의 작은 도움이 큰 힘이 됩니다. 그래서 가능하다면 아이가 숙제할 때만이라도 곁에 있어 주시기를 권합니다.

숙제에 개입하기 전에 점검할 사항

*

등산가 유형의 아이와 탐사가 유형의 아이도 각자의 성향이 한쪽으로 치우치면 '반쪽짜리 능력'을 가진 학생이 되기 쉽습니다. 이런 경우에는 부족한 역량을 보완할 수 있는 공부 습관을 만들어 주는 것이 필요합니다.

이를 위해서는 먼저 우리 아이의 학습 스타일과 공부 습관을 파악하고, 그에 대해 아이와 충분히 대화를 나누는 과정이 선행되어야 합니다. 제가 숙제를 '연대감'이라고 표현한 이유도 여기에 있습니다. 자칫하면 숙제가 부모에서 아이로 내려오는 일방적인 지시가 되기 쉽기 때문입니다. 이런 방식에서는 서로를 이해하려는 탐색이나 협의가 이루어지기 어렵습니다.

반면 연대감은 '한 덩어리로 연결된 마음'이라는 사전적 의미처럼 '너와 나', 즉 우리가 함께 존재하는 관계를 뜻합니다. 그러려면 아이가 무엇을 좋아하고 무엇을 불편하게 느끼는지 이해하려는 노력이 필요합니다. 생각보다 많은 부모님이 이 부분을 놓치곤 합니다.

아이를 충분히 파악하지 않은 채 숙제에 개입하면, 힘들게 숙제하는 아이의 입장에서 부모님은 상황도 잘 모르면서 한마디씩 던지고 지나가는 잔소리꾼처럼 느껴질 수 있습니다. 그렇다고 "그럼 이제 네가 알아서 해"라고 완전히 물러나 버리면 다시 숙제에 개입하기가 어려워집니다. 따라서 감정적으로 반응하기보다 상황을 차분히 살펴보는 것이 중요합니다.

부모님이 그냥 지켜보는 것이 좋을지, 아니면 조금 더

적극적으로 도와주는 것이 좋을지는 아래의 열 가지 질문을 통해 판단해 볼 수 있습니다.

1. 우리 아이는 숙제를 제시간에 마치는 편인가?

2. 숙제할 때 최선을 다하는가?

3. 어려운 숙제가 있어도 쉽게 포기하지 않는가?

4. 숙제를 하기 위한 계획을 세우는가?

5. 마감이 닥치기 전에 숙제나 시험 준비를 시작하는가?

6. 계획 속에 적절한 휴식이 포함되어 있는가?

7. 아이 스스로 숙제하는 데 걸리는 시간을 잘 가늠하는가?

8. 숙제를 제출하기 전에 스스로 검토하는가?

9. 숙제나 시험을 앞두고 스트레스를 잘 관리하는 편인가?

10. 부모가 재촉하지 않아도 숙제를 제시간에 하는가?

이 질문에 스스로 답해 보면 부모님이 숙제에 어느 정도 관여해야 할지 판단하는 데 도움이 됩니다. "아니요"에 해당하는 문항이 많을수록, 그리고 그 정도가 심할수록 부모님이 아이와 연대하여 숙제를 함께 해결해 나갈 필요가 있습니다.

집안일보다 숙제가 우선입니다

＊

부모가 아이의 숙제를 도울 때 어떤 역할을 해야 할지 막막하게 느끼는 경우가 많습니다. 부모의 학습 참여에 관한 연구로 잘 알려진 밴더빌트 대학의 심리학과 교수 케터린 후버 뎀시Kathleen Hoover-Dempsey 박사의 연구를 참고해 부모가 숙제를 도울 때 수행할 수 있는 역할을 정리해 보겠습니다.

① 중간자Communicator

부모님이 선생님이 숙제를 내준 의도와 과제의 진행 방식 등을 파악해 아이가 과제를 제대로 수행할 수 있도록 전달해 주는 역할입니다.

요즘은 학교 알림장을 온라인으로 확인하는 경우도 많습니다. 어떤 방식이든 알림장을 확인한 뒤 아이에게 단순히 전달 사항만 말하기보다 '선생님이 왜 이런 과제를 내주셨는지', '어떤 순서로 진행하길 기대하시는지' 선생님의 메시지를 함께 설명해 주면 아이가 과제를 훨씬 수월하게 이해할 수 있습니다.

② **조직적 구성자**_{Organizer}

숙제를 마치는 데 필요한 시간 계획을 세우고 자료를 준비하는 방법을 함께 정리해 주는 역할입니다.

이 단계만 잘 도와줘도 아이는 무리 없이 숙제를 마칠 수 있습니다. 특히 초등학교 저학년 아이들은 이런 준비 과정이 서툴기 때문에 부모의 도움이 필요합니다.

자기 주도 학습이란 처음부터 끝까지 아이 혼자 하는 것이 아니라, 스스로 할 수 있도록 환경과 준비 과정을 도와주는 데서 시작됩니다.

③ **감독관**_{Supervisor}

여기서 말하는 감독관은 아이의 행동을 일일이 감시하는 사람이 아닙니다. 숙제가 제대로 이루어지고 있는지 곁에서 지켜보며 아이 옆에 '머물러 주는' 역할을 의미합니다.

많은 부모님이 아이에게 숙제를 알려 준 뒤 집안일을 하러 갔다가 나중에 아이가 숙제를 하지 않았다는 사실을 발견하고 야단을 칩니다. 이것이 아이만의 잘못일까요?

아이에게는 숙제를 하는 동안 곁에 머물러 주는 사람이 필요합니다. 가사와 육아를 동시에 완벽하게 해내려 하기보다, 때로는 청소나 빨래를 조금 미루는 선택도 필요합니다.

아이의 공부에서 "나중에"라는 말만큼 위험한 것은 없습니다. 숙제하는 동안만이라도 곁에 머물러 주세요.

④ 격려자 Supporter

아이의 노력을 격려하면서 부족한 점보다 먼저 잘한 부분을 인정해 주는 역할입니다.

여기에서 중요한 것은 순서입니다. 아이는 자신의 노력이 인정받을 때 더 잘하고 싶은 마음이 생깁니다. 잘한 부분을 '먼저' 지지해 준 뒤 부족한 점을 이야기하면 아이는 자연스럽게 개선하려는 의지를 갖게 됩니다.

⑤ 검토자 Reviewer

아이가 수행한 과제를 함께 검토하고 잘못된 부분을 발견해 수정하도록 도와주는 역할입니다.

숙제를 마쳤다고 해서 바로 끝내기보다 한 번 더 확인하는 습관을 들이면 실수를 크게 줄일 수 있습니다. 부모가 검토 과정에 참여하면 아이도 스스로 점검하는 습관을 자연스럽게 배우게 됩니다.

⑥ **조력자**Helper

아이가 배운 내용을 기억하기 쉽도록 도와주거나 시험 준비 과정에서 필요한 도움을 제공하는 역할입니다.

예를 들어 핵심 내용을 정리하도록 돕거나 공부 방법을 안내하는 것이 여기에 해당합니다. 조력자는 단순히 과제를 확인하는 수준을 넘어 아이가 학습 내용을 이해하도록 적극적으로 돕는 역할이라고 할 수 있습니다.

⑦ **선생님**Teacher

때로는 부모님이 직접 개념이나 원리를 설명하거나 문제 해결 방법을 알려 줄 필요도 있습니다. 물론 모든 내용을 가르칠 필요는 없습니다. 다만 아이가 이해하지 못한 부분을 짚어 주고, 어떻게 접근하면 좋을지 방향을 제시해 주는 것만으로도 충분한 도움이 됩니다.

⑧ **전략가**Strategist

아이가 과제를 체계적으로 정리하고 공부 계획을 세우며 스스로 점검하는 방법을 익히도록 돕는 역할입니다.

무엇을 먼저 하고 무엇을 나중에 해야 하는지, 어떤 방식으로 공부하면 좋은지 전략을 세우는 과정을 통해 아이는 점차 스스로 공부를 관리하는 능력을 키우게 됩니다.

이러한 역할들은 자녀가 배움에 적극적인 학생으로 성장하도록 돕습니다. 여덟 가지 역할을 모두 완벽하게 수행할 필요는 없습니다. 부모님의 성향과 가정의 상황을 고려해 한두 가지 역할만 실천해도 충분합니다.

도와줄 때도
예의가 필요합니다

아이를 도와주고 싶은 마음은 부모라면 누구나 같습니다. 하지만 '돕는 방식'까지 고민해 본 부모님은 많지 않습니다.

특히 초등학생과 중·고등학생에게는 다른 방식으로 도움을 주어야 한다는 사실도 잘 모르는 부모님이 많습니다. 그래서 도움에도 예의가 필요합니다.

어디까지 도와야 하는지, 언제 물러서야 하는지, 무엇을 대신해 주고 무엇은 기다려야 하는지에 대한 기준이 필요합니다.

아이의 나이와 성향에 따라 '구조를 잡아주는 도움'과 '선을 지켜 주는 도움'을 구분해야 합니다.

숙제를 도와주는 방법에도 순서가 있다
*

초등학생이라면 가장 먼저 아이들이 숙제를 제대로 기록해 오는지부터 확인해야 합니다. 요즘엔 따로 알림 앱에 숙제가 공지로 올라오는 경우가 많아 예전처럼 알림장을 빼먹는 문제가 줄어들기는 했지만, 예외적인 경우도 있으므로 확인하는 과정이 필요합니다.

다음으로는 숙제의 순서를 정하는 일입니다. 내일까지 제출해야 하는 숙제인지, 준비물을 구매해야 하는 숙제인지, 아버님이 귀가한 뒤 함께하는 것이 좋은 숙제인지 등을 고려해 순서를 정하면 됩니다. 여러 단계로 이루어진 과제라면 무엇을 먼저 해야 하는지부터 정리한 뒤 숙제를 시작하는 것이 좋습니다.

개별 숙제를 시작할 때는 과제를 어떻게 수행해야 하는지 지침을 정확히 이해하는 것이 중요합니다. 아이가 숙제의 내용을 정확히 파악하지 못한 채 자기 방식대로 진행하다가 한참 뒤에야 오류를 발견하는 경우도 적지 않습니다. 이런 일이 반복되지 않도록 부모가 초기에 과제의 요구 사항을 함께 확인해 주는 것이 필요합니다.

또한 숙제를 어려워하는 아이들은 과제를 작은 단계로 나누어 생각하지 못하는 경우가 많습니다. 예를 들어 책을 읽고 독후감을 써야 하는 숙제가 부담스러운 아이에게는 먼저 책만 읽고 잠시 쉬었다가, 이후 독후감의 내용을 어떻게 쓸지 생각해 보고 초안만 잡아 보자고 제안할 수 있습니다. "저녁을 먹고 난 뒤 완성해도 충분하다"는 식으로 단계를 나누어 주면 아이는 숙제를 시작할 마음을 먹기 쉽습니다.

아이들이 힘들어하는 부분은 구체적으로 도와주는 것도 필요합니다. 만약 읽기 능력이 약하다면 어머님이 책을 읽어 주거나 아이와 번갈아 한 페이지씩 읽는 방법도 좋습니다.

책을 읽은 뒤에는 아이가 내용을 제대로 이해했는지 확인해 보세요. 예를 들어 "지금까지 읽은 내용에서 가장 중요한 사건은 무엇일까?", "인물의 성격이 바뀐 부분이 있었니?", "이 장의 제목을 붙인다면 무엇이 좋을까?", "왜 이 등장인물은 이렇게 느꼈을까?", "다음에는 어떤 일이 벌어질 것 같니?" 질문하면서 내용을 정리해 보면 아이의 집중력과 이해력이 함께 높아집니다. 이런 질문은 아이가 평소 좋아하는 활동과 연결하면 더욱 효과적입니다. 예를 들어 "네가 탐정이 되어 다음에 어떤 일이 일어날지 추리해 볼까?"라거나 "우리 저번에 같이 본 퀴즈 프로그램처럼 등장인물이나 이야기 구조를 가지고 문제를 내 보면 어떨까?" 같은 방식도 좋습니다.

개입에도 경계가 필요하다
*

이 시기의 아이들은 부모님이 자신의 숙제나 공부에 지나치게 관여하는 것을 달가워하지 않습니다. 그래서 "필요하면 언제든 도와주겠다"는 메시지를 꾸준히 전달하는 것이 중요합니다. 부모님이 무엇을 어디까지 도와줄 수 있는지 분명히 정해 두면, 아이는 자신의 정체성을 지키면서도 도움을 자연스럽게 받아들일 수 있습니다. 부모님 역시 어디까지 개입할 것인지 기준을 세울 수 있어 서로에게 도움이 됩니다.

하지만 많은 부모님이 필요한 선보다 더 깊이 개입하는 경우가 있습니다. 자신의 노력과 정성이 곧 아이의 성적과 연결된다고 믿기 때문입니다. 그러나 숙제는 성적을 올리기 위한 도구라기보다 아이의 현재 상태를 확인하는 과정에 가깝습니다. 선생님들은 학생의 수준을 알고 있기 때문에 어디까지가 아이의 힘이고 어디에서 부모님의 도움이 들어갔는지 충분히 짐작할 수 있습니다. 중요한 것은 아이의 부족한 부분을 대신 채워 주는 것이 아니라, 아이가 무엇을 이해했고 무엇을 이해하지 못했는지를 파악하는 것입니다.

물론 부모님이 아이의 공부를 도와주는 일은 결코 쉽지 않습니다. 그래서 무엇보다 중요한 기준은 하나입니다. '이 방법이 우리 아이에게 맞는 방법일까'를 늘 중심에 두는 것입니다. 아이를 충분히 이해하지 않은 채 들이미는 공부법은 오래가기 어렵습니다.

또 한 가지 기억해야 할 점이 있습니다. 어떤 공부 방법을 아이에게 권하기 전에 왜 이 방법을 선택했는지 아이에게 설명하는 시간을 가져야 합니다. 부모가 일방적으로 "이렇게 해야 효과가 있다"고 말하면 아이에게는 그저 잔소리로 들리기 쉽습니다. 그러나 이유를 설명하고 아이 스스로 납득하게 되면 같은 말도 훨씬 다르게 받아들입니다.

아이들은 성장할수록 독립심이 강해집니다. 여기에는 공부하는 방법을 스스로 선택하고 싶어 하는 마음도 포함됩니다. 부모의 역할은 선택을 대신하는 것이 아니라, 아이가 스스로 선택하고 책임질 수 있도록 곁에서 돕는 것입니다.

결국 공부를 오래 해 나가게 하는 힘은 단순한 공부 기술이 아니라 마음의 힘, 즉 '멘탈'에서 나옵니다. 아이가 흔들릴 때 다시 일어나고, 어려움 앞에서도 포기하지 않게 만드는 힘 말입니다.

부모가 해 줄 수 있는 가장 중요한 일은 바로 그 멘탈을 지켜 주는 환경을 만들어 주는 것입니다.

＊ 참고 문헌 ＊

• Peg Dawson & Richard Guare, *Executive Skills in Children and Adolescents*: A Practical Guide to Assessment and Intervention (2nd ed.), Guilford Press, 2010.

• Peg Dawson & Richard Guare, *Smart but Scattered*, Guilford Press, 2009.

• David A. Sousa, *How the Brain Learns Mathematics*, Corwin Press, 2008.

• Judith Stein, Lynn Meltzer, Kalyani Krishnan & Laura Pollica, *Parent Guide to Hassle-Free Homework*, Scholastic Inc., 2007.

• Abigail Norfleet James, *Teaching the Female Brain*, Corwin Press, 2009.

공부는 멘탈이다

초판 1쇄 발행 2026년 4월 8일

지은이 노규식
펴낸이 김선준

편집이사 서선행
책임편집 김송은 **편집1팀** 이주영, 천혜진
디자인 김세민
마케팅팀 권두리, 이진규, 신동빈
콘텐츠본부장 조아란
콘텐츠팀 이은정, 장태수, 권희, 박미정, 조문정, 이건희, 박지훈, 송수연, 김수빈, 현유진, 정지호
경영관리팀 송현주, 윤이경, 임해랑, 정수연

펴낸곳 ㈜콘텐츠그룹 포레스트 **출판등록** 2021년 4월 16일 제2021 - 000079호
주소 서울시 영등포구 여의대로 108 파크원타워1, 28층
전화 02)332 - 5855 **팩스** 070)4170 - 4865
홈페이지 www.forestbooks.co.kr
종이 ㈜월드페이퍼 **출력·인쇄·후가공·제본** 한영문화사

ISBN 979-11-94530-96-1 (03590)

㈜콘텐츠그룹 포레스트는 독자 여러분의 책에 관한 아이디어와 원고 투고를 기다리고 있습니다. 책 출간을 원하시는 분은 이메일 writer@forestbooks.co.kr로 간단한 개요와 취지, 연락처 등을 보내주세요. '독자의 꿈이 이뤄지는 숲, 포레스트'에서 작가의 꿈을 이루세요.